手搖飲
開店
經營學

創業心法╳空間設計╳品牌運營，打造你的人氣名店，從單店走向連鎖到跨足海外市場！

CONTENTS

稱台灣為手搖茶飲王國，一點也不為過！一杯茶不只喝出台灣奇蹟，更紅到海外造成「瘋潮」。目前除了愈來愈多台灣手搖飲品逐步走向海外市場，也觀察到海外在地手搖飲品也催生而出，用創新觀念替茶飲帶來不同的體驗。為探討手搖的國際脈動，「Part1-1 從台灣走出去，手搖飲的海外市場跨足」介紹自台灣發跡或經營者為台灣人的手搖飲品牌，看他們如何進行海外市場的布局拓點，進入當地不僅造成話題、甚至刮起炫風。「Part1-2 從台灣擴散，海外在地手搖飲的成功套路」則是介紹國外品牌如何借鏡台灣，發展出獨有的成功套路，替手搖飲市場帶來新氣象。

Chapter 01

手搖飲的
國際脈動

逆境突圍，替營運困難的酪農業找到新出路

——林建燁

以牧場直營、香濃鮮乳創立主題明確的飲品店

文／余佩樺　攝影／王士豪　資料提供／迷客夏

迷客夏創辦人兼董事長林建燁。攝影＿王士豪

People Data

現職／迷客夏創辦人兼董事長
出生年份／1973 年
出生地／台灣台南
經歷／2004 成立第一家鮮奶門市「綠光牧場主題飲品」
　　　　2007 成立「迷客夏國際有限公司」
　　　　2012 成立「迷客夏品牌創研中心」
　　　　2013 開放迷客夏加盟連鎖
　　　　2017 進軍海外市場，以「菓然式 milk shop」進入大陸市場
　　　　2018 以「Milksha」進軍海外市場

面對所經營的產業沒落且又有補不完的錢坑時,作為牧場二代的迷客夏創辦人兼董事長林建燁沒有選擇退縮,而是另闢新路來奮力一搏,以香濃鮮乳為基底成立主題飲品店,並以其取代奶精的口感創造獨特性,成功取悅消費者,不僅在競爭激烈的環境中突圍,更從台灣跨足大陸內地、海外等市場。

迷客夏創辦人兼董事長林建燁的父親,在他年少時期便轉行投入酪農業,因父親受傷轉而由他與家人接下農場工作。當初,除了看不到牧場經營的未來,也希望解決牛奶銷售不完的問題,因緣際會下,他頂下了一家茶飲店並改名為「綠光牧場」,經營牧場的同時也邊摸索手搖飲店的一切。

此為迷夏客台南麻豆店門市。攝影　王士豪

在當時，傳統飲料店奶茶仍以添加奶精製成，為切出不一樣的市場，林建燁嘗試從物料開始升級，並加入一些以鮮乳製成的飲品系列測試水溫，中間房東一度收回房子，他只好被迫結束營業。此外，其間也曾跑去開餐廳，但實際嘗試後發現手搖飲店的門檻較低，於是選擇重回飲料店市場，在 2007 年開設第一家「迷客夏」。

一個「很不一樣」的念頭，
到共同扭轉品牌的心

自 2007 年成立以來，雖說在原物料的使用上嚴格把關，既不使用奶精，就連珍珠也只用不添加色素、防腐劑的透明珍珠，而後也推出改以鮮乳製成的鮮奶茶，雖然很具健康觀念，但在當時傳統茶飲盛行的年代，要突圍真的不太容易。

然而，這一切的轉變得回溯到 2008 年左右，現任的迷客夏總經理黃士瑋，當時他看好飲料連鎖業的發展，在親自喝過迷客夏的產品後決定投入加盟，而後兩人更再合資開店，林建燁說，「他從投入的第一間店就賺錢，對市場也有獨到的眼光與想法，最後便邀請他加入創業團隊，才開啟一連串計畫性、目標性的發展與布局。」有別於先前加盟制度的未明確，到了 2013 年才開始開放加盟連鎖，在這之後便可看到迷客夏有計畫性地在全台各地進駐，並讓品牌力量擴散。

迷客夏展店速度不算快，直到 2017 年才正式進入海外市場。其實，在跨出海外前，就曾有大陸內地的企業特別前來台灣向林建燁請益乳牛飼養、鮮乳口感等問題。當時的他就有在思考，既然自己過去的堅持已獲得認同，那麼未來是否有機會藉由進入海外市場，除了飲料、品牌的推廣，同時也能將飼養乳牛的知識、加工技術訴諸到海外。

此為迷客夏麻豆店，其將店面退至室內，提供更好的點餐環境，也友善周邊居民與行人。攝影＿王士豪

不敢貿然而行，
直到原物料供給問題解決才敢跨出那一步

　　林建燁明白打入海外市場，便是要將迷客夏在地的風味傳遞出去，縱然有國外代理商主動邀約，他都認為不該貿然而行，其中原因跟背後原物料的提供有很大的關係。

　　林建燁談到，「對訴求以鮮奶為主題飲品的迷客夏而言，光是鮮乳這項原物料就思考了很長一段時間。」因為，過去為了能取得好的鮮乳，堅決以好品質的牧草飼養乳牛，以標準殺菌流程保留鮮乳的營養成分，如此相輔相乘的堅持，才能呈現出符合林建燁所認可的鮮乳口感。直到當時在大陸內地找到風味接近的在地牛乳品牌，才會分別在 2017 年寧波、2018 年上海等地設點。接下來將慢慢擴點，到一定規模後，則想將飼養知識做推廣，甚至與在地進行契作，讓鮮乳品質更符合標準。

LOGO 設計時將乳牛意象放入，更加呼應品牌以酪農業跨入手搖市場的特性。攝影＿王士豪

自品牌成立以來，便堅不使用奶精，就連珍珠也只用不添加色素、防腐劑的透明珍珠。攝影＿王士豪

除了牛乳，其他原物料的順利出口也是思考重點，像是透明珍珠的配送，就曾經發生運送中出現質變，前後花了 2 年的時間，從配方調整、製作工藝、冷凍儲存、運往海外，甚至最後到店的配送，整個 Model 建立起來，才降低再次出現質變的機率，並有效避免成本上的花費。

　　林建燁補充，布局時間走得慢還有另一項原因，那就是與設備提升全自動化形式有緊密關係，因為未來許多國家都將面臨少子化問題，如何透過自動化生產減少人為變數，待研發更為成熟，接下來往海外發展就能發揮的更游刃有餘。

2017 年開始走向海外，
一步步站穩國外市場

　　「會選擇在 2017 年投入海外經營，是當時展店數、品牌力已具有一定規模，才選擇開始投入。」林建燁談到，黃士瑋也認為，「走入海外市場背後需要一個很堅強的總部，包含原物料、輔導……等都要能跟得上營運，當時決定走出去也都是考量到各部門的建置已相當完善，才開始布局。」

　　不過，在進入時卻又遇上最棘手的商標註冊問題，因各國的商標註冊法不同，有些商標早被優先搶註冊，便有無法再註冊使用的問題。以大陸市場為例，就改用菓然式 milk shop」進入。當然，商標無法一致，仍會擔心消費者對於品牌上的混淆，不過後來透過了其他的輔助圖騰（乳牛圖案）、文字（milk shop）加強品牌意象，降低混淆的可能性。

　　然而在服務、產品製作上迷客夏也很堅持必須照著 SOP 走，對於海外店的人員會到台灣受訓外，台灣人也會前往教授相關知識，為的就是確保無論台灣、海外，品質、服務都無差別。

　　海外市場雖然龐大，但大多透過代理來進行合作，因此會相當慎選代理商。目前大陸內地、香港、澳門都已陸續拓點，接下來還有加拿大等國家，不求快，選擇先站穩再踏出步伐觸及更多國家、城市。

用顏值產品，成功與各地消費者交心

善用聯名、異業合作，讓品牌滲透力更強

—— 邱茂庭

文／余佩樺　攝影／江建勳　資料提供／鹿角巷 THE ALLEY

鹿角巷 THE ALLEY 創始人兼執行長。攝影＿江建勳

People Data

現職／鹿角巷 THE ALLEY 創始人兼執行長
出生年份／1980 年
出生地／台灣桃園
經歷／2012 成立「有樂創意有限公司」擔任負責人兼創意總監
　　　　2012 擔任大葉大學兼任講師
　　　　2012 擔任建國科技大學兼任講師
　　　　2013 創立鹿角巷 THE ALLEY
　　　　2015 4 月進軍中台灣
　　　　2015 5 月進軍南台灣
　　　　2016 5 月 7 日首家海外門市加拿大店開幕

最初只是想從事副業因而進入手搖飲界的「鹿角巷 THE ALLEY」創始人兼執行長邱茂庭，自 2013 年成立品牌後，便大膽決定走向海外市場，全球目前已來到 200 間。儘管每個國家消費形式與文化均不同，但鹿角巷 THE ALLEY 卻能做到每每推出一款新品，皆能在地方引起一陣風潮。

鹿角巷 THE ALLEY，至今分店遍布台灣、加拿大、日本、澳門……等地，此為日本三軒茶屋分店。圖片提供＿鹿角巷 THE ALLEY

要能在百家爭鳴的手搖飲市場中出線，並不容易。若問起是否聽過「鹿角巷 THE ALLEY」這個手搖飲品牌？可能沒聽過的比聽過的還多。雖然它在台灣知名度並不高，但卻成功在世界各地掀起一陣旋風。

背後推手是出身於桃園的邱茂庭，設計相關科系畢業後，先是成立了設計公司，同時也在大學擔任講師，剛好 2013 年左右台灣也掀起一股創業熱潮，那時很愛喝奶茶、飲料的他試想，「何不來試試？真的不行就再走回本業就好。」於是邱茂庭便一頭栽進了手搖飲的世界。

為了擴散品牌的知名度，鹿角巷 THE ALLEY 極積與不同的品牌與活動合作，在 2018 年成為亞太影展指定飲品。
圖片提供_鹿角巷 THE ALLEY

從設計角度切入，
做出產品差異化的一種

於是，邱茂庭在 2013 年創立了鹿角巷 THE ALLEY，不過，最初名字先設定為「斜角巷」，後來則修正以鹿角巷 THE ALLEY 為主。

行行有本難唸的經，創立頭一年，便發覺原來做飲料業並非想像中簡單，絕對不是茶葉丟下、泡個熱水就完了的事，「你還必須控制溫度、留心茶水比例……。」剛好身旁有朋友在經營手搖茶飲，便主動向他借鏡學習，從那之後才開始對於手搖飲業有了比較清晰的輪廓與概念。

有了觀念後，邱茂庭知道不能盲目而行，開始觀察市場並做調整，他明白要在百家爭鳴的市場中做出差異才有機會勝出。於是他發揮所長，以「設計」角度切入，像是品牌名稱剛好有鹿，在 LOGO 設計上便加入了的鹿頭圖案，藉由獨特符碼喚起好奇心，進而想走進店內；當絕大多數的手搖飲店都使用細長杯的時候，邱茂庭選擇逆向操作，改以小而矮胖的小圓杯作為包裝，用設計加深消費者對品牌的記憶點。

打破在台灣既有的思維，
海外銷售問題點才迎刃而解

「但，手搖飲就只是這樣了嗎？」邱茂庭會這樣思考，主因在於他還想把手搖飲的格局做大，不過有鑑於當時多數國人仍將茶飲價格停留在低帶，這樣的經營策略模式無法支撐邱茂庭想要做的事，更無法壯大品牌。於是他開始萌生往海外發展的可能，正巧，2016 年在加拿大有個進駐的機會便大膽嘗試，也使得加拿大成為第一間海外店。

隨著首間海外店的成立，開始落實邱茂庭想要做的事，首先是空間上的提倡，店內加入明確的工業風格，同時也以鹿頭 LOGO 以大圖輸出方成為環境裡重要的視覺語彙；另一步因為是輸出至國外，自然在價格部分也能往上提升，

正常台灣 1 杯奶茶仍落在 NT.40 ～ 50 元，在當時，加拿大 1 杯奶茶的價格可制訂在加幣 5 元（約 NT.110 ～ 120 元），光就價格策略已成功拉升不少品牌價值。

　　不過，首度出擊成效卻不彰，直到他放掉先前在台灣 1 代店的思維，銷售上的問題點才獲得改善。在台灣購買手搖飲仍以「to go」居多，但到了國外，就必須考量到當地人有願意花時間前來購買飲品的消費習慣，如果大老遠跑來店裡買，卻沒有引起想消費的慾望，甚至是記憶點，那自然不會有想上門的需求。於是邱茂庭開始在空間裡放了顆樹、加了椅子，讓店鋪宛如生活空間一般，自然會引起一探究竟的心，走入店裡也會想多待一會兒。改變發揮奏效，從最初 1 天只賣 20 ～ 30 杯，到後來 1 天可賣 200 ～ 300 杯，甚至現在 1 天可達 500 ～ 600 杯。

顏值產品、異業結合，
讓產品說更有力量的話

　　面對海外市場，絕不是只有放掉過去思維一切就能迎刃而解，如何抓緊每個國家、城市消費者的心，更是重要。

　　接著邱茂庭又開始思考，既然設計已讓空間做出差異，同時又能創造消費者記憶點，何不再試試讓設計延伸至產品？於是他與團隊開始從飲品的色彩下工夫，像是「北極光」系列，便是調出多種顏色的飲品，透過鮮明的色彩抓住消費目光。也因為如此，所販售的飲品外觀具一定程度的「顏值」，儘管每個國家消費形式與文化均不同，每回推出新品，掀起風潮也帶來話題，就連台灣藝人林心如、日本團體 AKB48 都曾拍照上傳為品牌應援。

　　除了設計角度，為了讓產品做更有力量的發言權，鹿角巷 THE ALLEY 也多方嘗試與不同的產業合作，提高品牌能見度也讓觸角伸得更廣。像是 2018 年就與運動品牌 PUMA 合作製作指定飲品，同年也與第 58 屆亞太影展合作，製作相關指定飲品。另外，面對廣大海外市場，鹿角巷也充分運用了粉絲行銷的套路，在大陸請到藝人明星作為「一日店長」，成功地抓住消費者。

構思產品很重視「顏值」的鹿角巷 THE ALLEY，讓飲品不只喝起來可口，外觀也很獨特，此為「雪莓鹿鹿」。圖片提供＿鹿角巷 THE ALLEY

主動出擊阻山寨之擾，
持續往其他海外國家發展

　　自 2016 年開設首間海外店後，2017 年也陸續在日本、香港、上海、越南等地開店；2018 年則分別在法國、澳洲、韓國、美國洛杉磯、泰國、紐西蘭等地設點，目前全球家數已來到 200 間。

　　會如此快速設點並非想快速擴張，而是「山寨店」逼得邱茂庭只好以「正店」應戰。在海外雖以合作為主，但為了杜絕假店，他也祭出只直營不加盟的策略，好讓消費者能清楚分辨真假；當然為阻山寨之擾，在今年相關海外商標註冊也已完成。

　　邱茂庭說，目前已有許多海外擴點計畫已談定，像是菲律賓、新加坡……等都將陸續開設；除此之外，日本也預計再展店 12 ～ 13 家，讓鹿角巷的品牌效益能滲透得更廣、更深。

企業傳承與時俱進，品牌新局淬鍊而生
——劉彥邦
海外經營因地制宜，轉譯茶文化精神

文／李奕霆　攝影／王士豪　圖片暨資料提供／茶湯會

茶湯會總經理劉彥邦。攝影＿王士豪

People Data

現職／茶湯會總經理
出生年份／1979 年
出生地／台灣雲林
經歷／2016　接掌茶湯會總經理，從春水堂基層開始磨鍊，擔任調茶師、
　　　　　店長，以及展店、營運、行銷部門主管與副總經理等職
　　　　2016　香港成立首家海外門市
　　　　2017　上海成立首家海外直營門市
　　　　2018　新加坡樟宜機場門市、美國加州門市、日本東京門市、越
　　　　　南門市陸續開幕

深究台灣餐飲龍頭春水堂旗下品牌「茶湯會」的海外布局，不若新興手搖飲業者多採快速、鋪天蓋地的展店策略，而是秉持穩紮穩打的腳步，計畫性地鞏固既有開發國家，進而延伸境內其他城市，締造規模經濟。身為春水堂二代的茶湯會總經理劉彥邦，嘗試借鏡家族企業風華，以專業力、管理力、商品力及研發力，開創永恆流傳的品牌之路。

　　頂著國內知名品牌春水堂二代的光環，茶湯會總經理劉彥邦並不因此輕忽懈怠，反而挽起衣袖從春水堂基層做起，歷經調茶師、店長，以及展店、營運、行銷部門主管與副總經理等職的經驗磨鍊，2016 年正式接掌茶湯會。延續春水堂尤重東方人文飲茶思維的精神，劉彥邦以經營百年茶事業為思考立基，期盼藉由扮演文化推廣者的角色，重新檢視品牌核心與發展策略。

2016 年為茶湯會海外展店元年，繼香港門市開幕後，也陸續前進海外其他國家。圖片提供　茶湯會

堅守品牌使命，
歷經十年磨劍蓄勢待發

　　近來，不少台灣手搖飲品牌紛紛跨出島內、邁入國際，當然茶湯會也不例外；2016 年堪稱海外展店元年，繼首家香港門市開幕後，隔年起也陸續插旗大陸、新加坡、美國加州、日本東京、越南等地。然而，就春水堂創辦人劉漢介於 2005 年即成立茶湯會而言，歷經超過 10 年的醞釀才將據點擴及海外，似乎晚了一些。對此，劉彥邦解釋，茶湯會身兼推廣飲茶之風、發揚其文化底蘊的重要使命，「我們特別重視品牌必須要在向下扎根的工夫確實了之後，才會往下一階段前進。」2016 年正好面臨台灣市場的發展已然成熟，且恰好出現適宜的合作夥伴，遂選擇於此刻將事業版圖逐步向外推展，足見老字號品牌的謹慎態度與擇善固執。

　　另一方面，劉彥邦也坦言，海外拓點的過程勢必得應對不同於台灣的法令，舉凡食品檢驗、商標註冊、營業執照申請……等皆有明確規範，或多或少造成前置準備期較長。像是茶湯會為了掌控好品管，要求所有海外門市使用之原物料都必須由台灣出口，便衍生出諸如各國的貨運條件、食安標準不一等亟待克服的難題。

瞄準泛華人圈，
打響口碑版圖開枝散葉

　　細探茶湯會的全球門市分布，分別為大陸 5 家、香港 10 家、新加坡 2 家、日本 2 家、越南 3 家、美國 1 家等，共 23 間店鋪，遍及 5 國。其策略鎖定飲茶風氣較盛之區域作為先鋒，如 2016 年香港成立的首家海外門市，以及隔年於上海開設的第二家，皆屬與台灣同質性高的華人市場。

　　即便是 2018 年揭幕的加州門市，仍舊依循所謂「泛華人圈」的開發思維，由華裔居民人數較多的社區經營起開始。劉彥邦認為，此舉基於吸引大批欲一

越南門市皆為滿足當地消費者的休憩需求，增設內用客席。圖片提供＿茶湯會

解其鄉愁的旅外華人，不僅能守住市場基本盤，經長時間發酵後，甚至可達到不同族群間口碑行銷之目的；如當前正籌劃中的加州二號店，即預備落腳白人社區，其宣傳效果可見一斑。

洞悉消費趨勢，
因地制宜滿足適性需求

除此之外，為降低打進海外市場的門檻，茶湯會特別在 7 ～ 8 成的飲品中皆添入了珍珠配料。劉彥邦說，畢竟珍珠奶茶貴為台灣小吃代表的印象早已深植國外消費者心中，珍珠類商品仍最受歡迎，遂從善如流。至於包裝方面則強化其設計感，輔以品牌英文名「TP TEA」呈現嶄新視覺，打造時髦形象。其中「T」代表 Taiwan，象徵台灣原創；「P」代表 Professional，揭示累積 10 多年來的專業調茶文化無可取代。

海外商品的包裝設計改以品牌英文名「TP TEA」作為主視覺呈現，令人耳目一新。圖片提供＿茶湯會

日本東京門市所推出的霜淇淋限定產品。圖片提供＿茶湯會

美國加州門市店鋪規
劃上亦有增設內用客
席。圖片提供　茶湯會

　　商品口味上，整體而言與台灣原始風味相近，但會依據各地不同消費偏好作糖度微調；以地處熱帶氣候的越南為例，其飲品的甜度就有略為增加。另一方面，也針對各海外門市保留約 2 ～ 3 成的商品作為當地開發品項，例如新加坡便設計出結合煉乳及椰奶的相關飲品；日本則有限定的霜淇淋系列產品，大展因地制宜的創意巧思。

　　而這樣的細膩思路也造就了各國多樣化的風格店鋪設計。如台灣全區門市皆採無座位的街邊店形式，但加州門市因考量地大、許多民眾習慣開車前往，因此增設內用區，形同驛站讓人小歇；越南門市為顧及當地人喜愛於室內聚會、坐下聊天，亦增設了客席；東京門市則因消費者較無邊走邊喝的習慣，遂僅設置簡易內用吧台，並另闢拍照打卡牆，在在顯示以服務為本、體察顧客需求的經營核心。

創造飲品以外另一項附加價值

除了求神問卜，買杯茶也能解你的人生困惑

—— 張津瑞

文／余佩樺　圖片暨資料提供／答案茶

答案茶創辦人兼董事長。圖片提供＿答案茶

People Data

現職／答案茶創辦人兼董事長

出生年份／1988 年

出生地／大陸河南省

經歷／

2012 成立「樂拍自拍」並擔任 CEO，開創了國內自拍攝影行業，兩年內以連鎖加盟形式開設分店 200 家

2013 成立「特拍自拍」並擔任 CEO，以技術升級的方式切入高端自拍照相館市場，共開設 150 家分店

2014 成立「特拍科技」並擔任 CEO，啟動「三弟線上」專案；三弟線上是以平面資料雲端計算轉三維模型為核心的技術研發公司

2015 特拍科技獲得中原科創人民幣 500 萬元天使投資；先後與騰訊大豫網、鄭州市博物館、汝州市政府、洛陽龍門石窟等進行技術合作

2017 成立「河南盟否網路技術有限公司」，創立「答案茶」品牌

2018 答案茶正式啟動運營，3 個月內開設 300 家門店，線上流覽量突破 4 億次

煩惱人人都有，除了求神問卜，原來買杯茶也能解開人生困惑！理工背景出身的答案茶創辦人兼董事長張津瑞，發現現在年輕世代，常有人生困惑、迷茫之時，人一旦迷茫便想尋求答案，於是他相中族群內心深層的心理需求，選擇運用互聯網思維並借助 AI，將茶飲結合占卜，喝茶的同時也解開你的人生困惑，成功走出茶飲的另一條路。

　　出身於大陸河南省的張津瑞，本身是理工背景出身，在接觸手搖飲之前還成立了「樂拍自拍」、「特拍自拍」、「特拍科技」……等公司，前兩者主要是攝影相關，後者為資料計算轉換的技術研發公司。細看過去所成立的公司，主要在於提供不同的服務來滿足、解決使用者需求。直到 2017 年與 5 位彼此出身均為理工、互聯網科技的聯合創辦人共同創立了「河南盟否網路技術有限

答案茶讓茶飲手還多了項占卜的樂趣。圖片提供＿茶湯會

公司」，便不斷思考相異產業加乘運用的可能，於是合作夥伴共同決定推出市場上未曾出現過的──答案茶。

挖掘市場中那些未被開發、
隱藏的消費需求

近幾年台灣手搖飲市場崛起，除了部份品牌進入大陸市場，連帶也促使大陸出現許多的在地手搖飲品牌。張津瑞分析，台灣手搖飲將茶飲文化做了翻轉，過去喝茶總是中高年齡層會做的事，但加了其他元素如珍珠、水果等，迸出不一樣的火花，也觸及到年輕一代的客群。大陸本地的茶風味也相當良好，何不也來推廣？於是便開始從消費需求、產品差異化一一思考起，甚至到後端的推播上，以抖音作為行銷推廣與年輕人對話，逐步走出答案茶自己的路。

答案茶的概念相當特殊，讓人好奇當時是如何挖掘出需求的呢？張津瑞談到，過往民眾對於餐飲消費，很單純地就是滿足飽腹之欲，而今碎片化消費時代，多數人在選擇餐廳時，會優先考量用餐環境，接著才會去考慮食物的美味甚至溫飽，此外，還會檢視周邊環境有無其他的活動配套，如電影院、百貨公司等，吃完飯後是否可再去看個電影、逛個街⋯⋯等。「當人們對於餐飲消費、需求更加綜合化的時候，其實就是我們去推出更加有趣好玩、具附加屬性的餐飲的時候了。」

創立答案茶之前，張津瑞與其他合夥人便著手分析手搖飲的差異市場。他們觀察到，消費者對於手搖茶飲的需求偏向生理層面，即解渴、解熱、好喝，除了生理層面，也思考茶飲有沒有滿足心理層面的可能？他們再進一步分析，手搖飲市場的受眾多為年輕世代，這世代的人存於社會中，常有人生困惑、迷茫之時，人一旦迷茫便想尋求答案，相中族群內心深層的心理需求，便將占卜加入茶飲中，為茶飲提供新的印象與概念，同時也給市場帶來新的刺激。

當然，答案茶不是憑空催生，推出前團隊花了 2 年時間研發，最終研發出一套答案生成器。除了答案生產器，答案庫的建立亦是重要，從年輕人經常使用的

網路平台中，挖掘出他們所關心的問題與答案。在消費者提問的過程中，答案生成器會透過標籤化的方式進行問題與答案的配對，最後再將答案浮現到奶茶上。

相中互聯網需求下，
重分享、想傳遞的心態

　　精心的設計不只有問問題與獲得答案，就連如何提出問題也經過細細思量。「手寫問題其實是我很堅持的一個點……」手作、手寫有一種溫度存在，

目前茶案茶也在做店型上的設計與調整，此為團隊設計部提出的效果圖，作為日後其他駐點的設計參考。圖片提供　答案茶

消費者若採取手寫方式，無論問題、字體必定是會用心思考過的，既然用了心，那轉發與分享的心態會強烈一些；再者在過程中產品與消費者的互動關係也會更緊密些，所以才會從機器操作改為手寫方式。「再來也考量到碎片化下時間的運用，通常排隊購買不會只有單純等待，在排隊時先取腰封（即杯套）並寫問題，寫完後取得茶飲再將其套於杯身，喝時打開茶蓋便會出現屬於你的答案。

答案茶推出後，腰封尺寸、奶蓋溶解速度也做了些「小心機」設計。張津瑞說，正常的腰封剛好落在杯身正中間，對於用戶分享效率與呈現上均不理想，於是將腰封提高了 1.5 厘米，並將口徑稍微擴大，消費者在拍照時，只要將手機傾斜 45 度，便能將問題與答案同時顯現在一張圖中，更容易分享。另外，他也談到，由於答案呈現在奶蓋上，不少人為了能在答案融化前搶先拍照，後

此為答案茶的招牌紅茶奶茶。圖片提供＿答案茶

答案茶雖然以占卜茶聞名，但品牌本身也不斷地在口味上做研發。圖片提供＿答案茶

來也透過成份上去做調整，加速其融化速度，約 1 分鐘就溶解掉，「如此一來，消費者在拿到這杯茶時，第一時間他必須要先拍照，只要拍照就有分享的可能性，所以這也是我們所做的小心機。」

不單靠擴點、選址心法，
懂得提升產品競爭力才能跟市場比拼

答案茶在問市時，是市場競爭最激烈的時候，所以在後續城市擴點、選址，甚至加盟上都有一定想法。目前在大陸內地仍以直營與加盟 2 種機制為主，對於競爭力較大的一線城市，如上海、北京，選擇採取以直營體系布局，藉由總部的營運站穩步伐；至於二、三線城市，則多以加盟為主，透過這樣的方式發揮品牌的幅射能力。

至於在店面坪數的選擇上，張津瑞認為，手搖飲不像咖啡廳如此需要空間，多半屬於外帶飲品，生產效率更是重要，故小坪數店型對手搖飲而言更有利於發展，可以看到答案茶的店型坪數多落在 30 ～ 50 平方公尺（約 9 ～ 15 坪）之間。選址部分，張津瑞談到，多半會在購物中心或周邊的步行街進行選址，因為這一帶是年輕消費族群比較集中的地方，也能觸及到品牌本身的客層定位（16 ～ 30 歲的女性族群）。

「答案茶一開始藉由占卜獲得關注，但『玩』這個點在後期會成為一個附屬價值，核心仍是要回歸產品本身才能長久立足。」現階段除了採購最好的原物料，接下來會走到原物料的生產，讓消費者品嚐好茶之餘，也提升自身競爭力。

「年輕一代消費觀獨特且細分化，甚至不具備品牌忠誠度，答案茶選擇在最競爭的時候進入市場，既然我們可以彎道超車，代表這個市場的機會還有很多，同時亦顯示每一個品牌都有機會打動消費者。」現階段除了把答案茶做穩、做好，張津瑞與團隊也將推出酒與茶結合的新品牌，嘗試再找出茶飲市場的新路與可能。

在這個資訊取得透明、商機無限的年代，許多人都希望能開店當「頭家」，其中又以手搖飲業投資金額門檻相對低，且連鎖品牌體系又提供完整輔導訓練，成了不少年輕人創業首選。但是，在這個消費者喜新厭舊、市場競爭激烈的時代，仍有不少品牌走入被淘汰的命運，該如何讓品牌從單店走向連鎖，且走得長遠又精采。觀察目前台灣手搖飲品牌的發展，已明顯區分出**「啟動關注期」**、**「發展擴充期」**、**「成熟優化期」** 3 個發展階段。「啟動關注」僅單一店成立，測試市場水溫，也藉由創意、創新取得市場與消費者的青睞；「發展擴充」指品牌開始從直營走向加盟做家數的擴充，分店數在 100 家上下，訴求如何快速且有效地發揮品牌效益；「成熟優化」指品牌國內外皆有布局，分店數超過 200 家以上，後續發展著重品牌優化的思考。然而，開一間店、做一門好生意，必須從經營中各個面向做檢視與規劃，才能因應競爭激烈的市場。

手搖飲店經營必知的戰鬥力學，包含**「品牌力」**、**「商品力」**、**「營運力」**、**「設計力」**、**「店鋪力」**、**「活動力」**、**「服務力」**。「品牌力」：找到市場定位說自己的故事；「商品力」：建立明星商品創造市場差異；「營運力」：短中長期各自的經營方針；「設計力」：讓人留下品牌印象的好設計；「店鋪力」：話題與亮點激起人想來的渴望；「活動力」：虛實整合行銷讓銷售持續滾動；「服務力」：滿意與感動促成想買的關鍵。因此，本章節從**「手搖飲發展階段」** × **「手搖飲店經營必備戰鬥力學」** 來做說明。從各個階段到所對應面向做深入探討，引導創業者有系統、策略地思考開店過程中該注意的事項與環節，使其從一間店開設其他分店，甚至到發展副牌。

Chapter 02

手搖飲店鋪
經營戰鬥力學

//

品牌力

01

找到市場定位說自己的故事

開店創業，並非找店、做生意這麼直線式思考，單店經營如同品牌經營一般，同樣必須去思考「品牌」的建構，必須從最初的樹立定位、品牌命名，到最後如何留下記憶，才能夠在這個市場破碎化的時代中異軍突起，並讓消費者緊緊跟隨。

Point 1

樹立定位

替品牌找到
市場位置

1. 啟動關注期／找出差異點，才能與眾不同

品牌代表消費者心中的價值，初成立 1 間店之前，必須先建立自己的品牌定位，如此一來，當消費者提及商品或價值時才能聯想品牌，或能在他們心中佔有一席之地。名象品牌形象策略股份有限公司業務經理容韜鈞（掏咪）指出，「定位即在幫助品牌找到屬於自己的市場位置，投入前先問問自己如何與眾不同？價值與優勢在哪？才能挖出與別人不同的意涵。」源於大陸河南省的「答案茶」，其創辦人張津瑞為理工背景出身，選擇運用對理工的優勢，並結合互聯網與借助 AI，將茶飲結合占卜，喝茶的同時也解開你的人生困惑，走出茶飲的另一條路。

初成立一間店之前，必須先建立自己的品牌定位，才能找到對的市場位置。元品設計試圖從品牌名稱重新賦予意義，以精萃茶飲的 DNA 密碼定義「6989 手作飲品」，讓整體多了點想像與質感。圖片提供_元品設計

2. 發展擴充期／**依據定位來擴展各個層面**

品牌發展是階段性的，初期品牌有了明確定位後，而後便依據定位做延伸與擴展，後續的差異化才能持續發效。名象品牌形象策略股份有限公司業務總監莊嘉琪談到，「迷客夏」創辦人林建燁有酪農事業版圖，當他橫跨手搖飲時，便以「牧場直送」作為定位，清楚區分市場定位以及產品線（鮮乳飲品系列），接著再以牧場直送作為核心，延伸出自然、純粹的形象，後續無論產品項目的延伸、產品研發，也都以該定位作為主軸，擴充發展之餘，不會偏離核心定位，也最不容易被複製。

3. 成熟優化期／**隨時檢視，不忘最初的定位**

　　品牌發展走向成熟期，隨海內外布局策略，拉大也拉長了市場的戰線，此時更是要穩固好品牌的定位，才不會在競爭市場中迷失。名象品牌形象策略股份有限公司資深創意總監黎正怡指出，「最初的定位核心，正是品牌與競爭品牌差異關鍵，得隨時檢視、提醒與維持，後續的發展才會更有價值。」以設計角度切入市場的「鹿角巷 THE ALLEY」儘管每個國家消費形式與文化均不同，但總能做到每回推出新品皆能因在市場而掀起話題，創辦人邱茂庭也認為，唯有回到最初的經營定位，能持續用設計差異帶來創新，也才能不迷失自己。

Point 2

品牌命名

—

為品牌取個好名字

1. 啟動關注期／**名字背後隱含故事與態度**

　　在品牌經營中，命名是項重要的決策，隨新品牌如雨後春筍般的成立，創造獨特又具有意義的品牌名稱，得細細思考。莊嘉琪、容韜鈞認為，品牌的命名最好從定位思考起，較能不脫離核心也有連貫性，另外也建議能在取名字的同時，加入故事性，替品牌增添內容度與溫度。不過元品設計品牌總監簡龍祥也提出了一個取名觀點，「現今有不少店名走『長店名』形式，讓消費者第一眼看不出來也猜不透在賣什麼，但也因為中間所產生的期待，成為吸人上門或是被記住的原因。」木介設計主持設計師黃家祥提醒，構思品牌名時也要考量有無專利問題，若將發展華人以外的地區，中英文要一併構思考，也要顧及好不好發音與蒐尋。

合眾設計工作室替「花甜果室」注入日式簡約風，給予蔬果汁手搖飲不一樣的印象。圖片提供＿合眾設計工作室

2. 發展擴充期／**不輕易改變改以優化為主**

　　走入發展階段，仍會有品牌發現定位不明的問題，希望能透過改名來重新做定位，但是，品名一旦制定較不建議重新做變更，容易讓消費者誤以為品牌在市場上消失的情況。建議是以優化為主，或許是透過設計層面的優化，讓 LOGO 呈現出來更精緻、具質感，重新找到定位也降低市場對品牌辨識度下降的風險。

3. 成熟優化期／**品牌新名要加入延續性元素**

　　當企業走入海外時，常遇到各國商標註冊法不同的問題，有些名字可能很快就被他人先註冊走了，倘若要進入到海外時，便會發生品牌名無法延續使用的問題，不過仍可透過延續性元素來做輔助，找回消費者對品牌的印象與熟悉感。以「迷客夏」為例，改以「菓然式 milk shop」進入大陸市場，但他們仍藉由其他的輔助圖騰（乳牛圖案）、文字（milk shop），加強品牌意象並降低混淆的可能性。

圖片提供＿優士盟整合設計

Point 3

留下記憶

讓人無法遺忘的印象

1. 啟動關注期／新鮮、有趣，記住就是成功的第一步

　　碎片化時代下，能吸引消費者的目光與指尖，品牌才有機會在市場出線，特別是初期成立的新品牌，要吸引眼球就得建立品牌記憶點，藉由新奇或有趣的連結，讓人留下印象並記住。容韜鈞形容，「記憶點如同品牌的符碼，而這符碼可以是有形亦或是無形，聲音、色彩、圖像、動作……等，這些可識別的元素都能成為符碼的一種。」以「老虎堂」為例，其藉由老虎斑紋的黑糖波霸鮮奶打打響名號，「虎紋」與「老虎堂」畫上等號，無論飲品還是品牌名，能被消費者記住其一便是成功。名象品牌形象策略股份有限公司創意總監桑小喬補充，若記憶力道不夠強時，也能透過視覺圖像來輔助，傳達消費者不同的記憶點，這樣也是一個方式之一。

2. 發展擴充期／**找新共鳴，延續記憶熱度**

　　宜蘭大學 EMBA 執行長官志亮指出，現今的手搖飲多半跟著流行在走，屬於流行性商品的一種，雖說最初已創話題、符碼讓人留下印象，但品牌走到發展期甚至中後期仍要讓那份共鳴延續，才能維持品牌記憶的熱度。像是「迷客夏」於 2018 年，以自家牧場生產的鮮奶做成冰淇淋產品打進超商連鎖通路，為牧場鮮奶創造通路、產生新共鳴，也再次加深品牌記憶度。

3. 成熟優化期／**讓記憶真正走進消費者生活**

　　當品牌發展到後段成熟期時，推動品牌記憶，不只要用對的語言與消費者對話，更重要的是得真正走進消費者生活裡。泡麵市場的競爭激烈程度不亞於手搖飲產業，成立至今 49 年的老品牌「統一麵」，為能夠與消費客群對話，於 2015 年祭出「小時光麵館」的系列微電影，再次喚醒記憶也走進消費者心裡、生活裡。

優士盟整合設計使用清新明亮的綠色來呼應「等一下」的招牌抹茶飲品，再加入點灰色、木質感，讓整體又增添些許日系、帶點活力的感覺。圖片提供 優士盟整合設計

商品力

02

建立明星商品創造市場差異

商品力泛指一品牌創造滿足消費者需求的產品，同時也是建立市場差異的關鍵點之一。可以從市場缺口、附加價值、明星商品等方向切入研發，創造與他人不同的立基點，也能有擁有獨一無二的特質。

Point 1

市場缺口

——

創造與他人不同的立基點

---

1. 啟動關注期／**從自身背景、市場缺口找起**

新興品牌要進入競爭市場，必須獨特才能被看見，可從「市場缺乏什麼？」的角度探尋，以「一芳台灣水果茶 YIFANG TAIWAN FRUIT TEA」為例，他們找到水果茶飲的市場缺口，推出一芳水果茶，在一片單品茶飲、奶茶的飲品市場中有了清晰的識別度。莊嘉琪建議，尋找缺口可從自身背景出發，像「迷客夏」有牧場的背景，便以其發展出鮮奶茶系列，做出差異性也找到自己的市場機會點。另外，「堅果奶吧！nutsmilk」是擁有 30 年「私房小廚」品牌的堅果專家 - 豐茂生技所建立，強調以不含奶精、牛奶的堅果植物奶系列，確立其品牌定位。

2. 發展擴充期／**持續深化自己的機會點**

當品牌進一步走到發展擴充時期，產品項目可從廣度與深度面向，做持續的挖掘，立基點才能站得更穩。就像

「一芳台灣水果茶,YIFANG TAIWAN FRUIT TEA」以新鮮水果結合茶飲為發展主軸，後續研發商品也以此方向，發掘更多在地水果、食材成為飲品原物料的可能。

3. 成熟優化期／**讓機會點變成一種飲品主張**

前期持續做機會點的挖深，到了後期產品研發也緊扣主軸，進而要衍生出該品牌的價值主張或態度。「鹿角巷 THE ALLEY」以設計角度推出具「顏值」的飲品，成功找到市場缺口，在後期發展更加以延伸，無論飲品內容、包裝都經過精心設計，不只讓喝茶成為一種時尚美學的符碼，亦變成一種飲品主張。面對現今自我意識至上的年輕族群，當產品能顯示出自己的主張與態度時，亦有機會讓他們願意跟隨。

新興品牌要進入競爭市場，必須獨特才能被看見，可從「市場缺乏什麼？」的角度探尋商品力，做出差異也找到自己的立基點。攝影＿江建勳

附加價值

茶飲以外的
再給予

1. 啟動關注期／**不單滿足解渴一項需求**

　　近幾年隨著市場增長，手搖飲料也陸續玩出不少花樣，像是有品牌把腦筋動到附加功能上，讓手搖飲不單只有解渴、解熱基本訴求，還能滿足其他層面的需求。以「語菓 Fortune Teller」、「幸福堂」為例，將茶飲與詩籤做結合，喝茶的同時也能順便求籤，對於買飲料、喝茶這件事，消費者不只能感到有趣，還能抒發生活壓力。

2. 發展擴充期／附加功能做深度的細分

　　既然已找到獨特的附加功能，同樣也可以此為中心做更細項的發展，有更清晰的市場定位，也能使品牌熱度能持續滾動。訴求可以占卜的「答案茶」，為了讓玩法能延續，又再推出了「艷遇茶」、「星座茶」……等，既可以茶會友，也能透過茶來算一下運勢，原本平凡的手搖杯搖身一變能替生活增添意想不到的樂趣，也才能成為年輕客群願意再朝聖的關鍵。

3. 成熟優化期／讓附加價值走向廣度挖掘

　　因應變化快速的手搖飲市場，當品牌走到成熟優化階段，對於附加價值的提供，可朝向從廣域角度做挖掘。因為此時品牌觸及的市場已從國內走到海外，除了從飲品核心發展，也可從周邊商品做延伸，像是提供隨身瓶、杯袋等，或是飲品結合餐飲食品的再衍生，都能讓所謂的附加價值再次創造出新的定義與作用力。

明星商品既能成為店內的招牌，發揮吸引顧客上門優勢，更是日後對品牌的直接聯想，甚至還能建立競爭對手進入的屏障。攝影＿江建勳

1. 啟動關注期／讓明星商品成店內招牌

　　面對龐大的手搖飲市場，在產品組合建立上，官志亮建議，必定要創造明星商品，既能成為店內的招牌，發揮吸引顧客上門優勢，更是日後對品牌的直接聯想，甚至還能建立競爭對手進入的屏障。明星商品可從市場需求中衍生而來，亦同樣也能從自身背景發想，像是「堅果奶吧！nutsmilk」因擁有堅果原物料採購優勢，故以堅果開發一系列植物系奶茶，成店內招牌也滿足市場素食者、乳糖不耐症人的需求。簡龍祥認為，首次開店經營者總希望透過多元品項滿足消費者，雖說市場打擊面更強，但反而無法讓消費者看到差異化，甚至儲備原物料的庫存成本亦是一項壓力。他建議，創業初期，非得急於讓所有品項一次到位，可先建立基本應有項目，而後邊測試市場邊做調整，再進行品項的橫向、縱向延伸。

當品牌走到了發展擴充期，產品項目可從廣度與深度面向做持續地挖掘。攝影＿江建勳

2. 發展擴充期／**延續火力為市場領導者**

手搖飲市場商機無限，年年都有新品牌加入，為了吸引消費者目光，宛如快時尚般得每一段時間就得出新產品，刺激買氣。根據「iSURVEY 東方線上」資料顯示，手搖飲品牌精緻化、單品明星化，皆有助於提高消費者購買意願與願付價格。官志亮表示，創造明星商品除了從飲品差異化切入外，另也能在視覺、包裝上下功夫，從不同面向引導市場、甚至建立特定品項的發語權，讓明星商品再次受到關注，品牌的動能自然也就能產生。

3. 成熟優化期／**使用數據做出正確決策者**

既然手搖飲等同於流行商品，產品本身的市場溫度一定要高低起伏。當品牌走到成熟期時，除了留意市場風向，另也可從背後的營收數據與改變做觀察，看看哪些產品逐漸竄出頭？哪些產品反應開始消退？剔除市場反應不佳者，另拉起新崛起者作為第二個、第三個明星商品，或常態商品的可能。

營運力
03
短中長期各自的經營方針

　　營運力即指企業的經營能力，營運力的建立除須在進入市場前做好市場評估外，進入後更須擬定後續的擴張計畫，品牌才能有目標地往每一個階段邁進。

Point 1

市場評估

選址、人流
效益共同思
考

---

1. 啟動關注期／選點要抓緊消費者的購買特性

　　當品牌要進入市場時，選址則為重要的決策項目之一，除策略點的進駐所代表著品牌形象的有效推廣外，正確的立地評估是影響該品牌能否成功的關鍵之一。官志亮分析，地點與目標客群須高度結合，既使店租再便宜、人再多，但非品牌目標客群，仍不具意義。選址時，應將該立地之人流特性與密度納入考量，前者代表該位置之人流是否符合品牌的目標客群；後者係指目標客群的數量，密度高代表目標客群的數量大，才有機會帶動銷售。選址另也要考量該區的集客力是否足夠，高集客力才能有效吸引客群，手搖飲多屬衝動性商品，若所屬立地具有高互補性或產業聚落，例如餐飲聚集點，必能帶動手搖飲的銷售額。此外，交通便利性也相當重要，抵達動線是順向還是逆向？好不好停車？都是帶動購買力的關鍵之一。

店址本身的交通便利性也相當重要，符合便利性就有機會帶動購買力道。
攝影　江建勳

2. 發展擴充期／**嘗試新作法拓展客源與市場**

當展店至一定數量後，品牌便走到發展擴充期，此時總部在選點上必然已有一套心法，而後的市場開發，亦須建立完整的布局規劃。此外，總部應思考如何有效提升單店的營收與獲利能力，近年來，諸多品牌選擇在這時期開始朝大型店發展，加入複合概念，提供互補性商品，除可提高客單價外，亦可拓展新客源。

3. 成熟優化期／**借力使力拉出海外新戰線**

手搖飲必須深耕當地商圈，當品牌走向國際時，選擇適合的代理商是品牌國際化的關鍵步驟。官志亮認為，藉由適合代理商的當地資源，在借力使力下，可有效加速品牌的國際化。通常，海外代理商必須分攤總部的工作，例如選址評估、當地協力廠商（門店裝修與原物料供應廠商）開發，以及門店的督導與輔導工作等。因此，慎選具備上述能力且價值觀相符的海外代理商，是品牌國際化成功的關鍵。

1. 啟動關注期／做好攤提計畫建立損益分析

單店的獲利能力是手搖飲品牌能否成功的必要條件，品牌總部亦須協助加盟主做好損益分析。開設手搖飲店應從立地的商圈人流特性與密度評估預期營收，再計算包含店租、人事、加盟金與裝修攤提、水電費用……等各項費用，以建立損益分析。官志亮建議，損益分析中各項費用均應有合理的營收佔比，惟有合理的損益分析才能提升開店的成功率。

2. 發展擴充期／思考如何創造更多的獲利

當店鋪走到直營擴張、加盟體系的發展時，除了比照初期隨時掌握損益分析，確立獲利能力外，也應檢視各項商品之銷售情況，伺機推出新品以再次創造話題與帶動銷售。官志亮表示，可藉由 POS 後台分析，檢視各商品銷量

當店鋪走到直營擴張、加盟體系的發展時，除了比照初期隨時掌握損益分析，確立獲利能力外，也應檢視各項商品之銷售情況，伺機推出新品以再次創造話題與帶動銷售。攝影＿江建勳

與佔比變化，同時也觀察市場潮流變化進行新品的研發，可運用品名、原物料的差異，抑或是飲用方式的創新，都能帶來消費者創新體驗，惟有不斷地創造話題，才能讓品牌維繫一定的網路聲量，替品牌帶來更多的銷售與獲利。

3. 成熟優化期／**市場有高有低懂得思考下一步**

經營品牌，誰都不想走到收攤命運，但市場變化難測，就像於台中起家的「清玉人文茶飲」，前期還只維持單店經營，後來因「翡翠檸檬」打響名號後展店極為快速，但隨店數增加後管理能量無法跟進，使得創新受阻，後又因甜度風波與總部與加盟主間衝突而黯然退出市場。從台南發跡的「英國藍」，也因 2015 年爆發茶葉含農藥事件，重創品牌形象，使得全台門市被迫停止營業。同樣身處於流行產業的手搖飲，市場變化的相當快速，業者除了持續用心經營品牌、確定商品品質，還有要思考下一步的品牌經營、商品創新與連鎖體系的管理能力，才能因應市場的任何變化。

布局擴張

牽動品牌每
一步的發展
走向

1. 啟動關注期／以單店進行市場、技術與模式的評估

　　一個品牌的市場布局與擴張與其經營的初期所發展的店型走向有關。剛起步的經營者，為符合台灣市場所需，店型多以店鋪式為主；另也有像「翰林茶館」選擇以複合式進入市場，明顯做出差異。簡龍祥提醒，經營首間店切勿僅抱持急於賺錢的心態，應將其當作「起家厝」看待，從中調整營運模式、進行市場測試，適時調整後再進行擴張。官志亮也認為，品牌經營大多可包含單店經營、直營連鎖、加盟拓展，到國際化延伸等 4 個階段，在單店經營階段，應從中確認市場需求與核心技術的研發，甚至應做好未來發展模式（直營、加盟）的評估，經營之路才能走得長久。

2. 發展擴充期／檢視協力廠商網絡是否建置齊全

　　官志亮指出，品牌歷經第一階段後，當商品對市場產生熱度，接下來便會朝直營連鎖、加盟拓展方向走。通常第二間店仍會選擇直營，雖說在第一間店成立時，便制定出相關的 SOP，但在經營第二間直營店時，仍會再進行優化，並檢視能否高度複製，評估可行才會往加盟連鎖體系發展。官志亮提醒，當從直營連鎖走到加盟連鎖前，跨區域的供應鏈體系的建立（如原物料供應、設備、裝修、維修等協力廠商開發等）變得非常重要，例如新設加盟店的裝修與後續設備維護不僅牽動設置成本，也關乎店頭營運的妥善率，一旦遇到像是封口機故障、冰箱無法冷卻等問題，必須要有能力尋求就近廠商支援，做即時性的故障排除。官志亮表示，當品牌走向直營、加盟擴張策略，戰線

台灣手搖飲市場競爭激烈，不只國內火熱甚至還紅到海外，甚至還動熱各國手搖飲品牌的崛起。攝影＿Anna

不單只有總部，必須加入協力廠商一起迎戰市場，力量才會強大，否則貿然而行風險必定很高。

3. 成熟優化期／確立海外代理商的資源是否充

在加盟體系完整建立後，第四階段則是拓展海外市場，此時戰線必須拉的更遠，不單只是供應鏈的國際延伸，好的品牌代理商更是關鍵。官志亮表示，慎選好的品牌代理商相當重要，可從是否有高度投入營運意願、是否具備優異資源與經營能力，以及是否與總部具有高度文化相容性等 3 方面來進行評估。在商議海外品牌代理前，官志亮建議，雖已接觸到代理商，但仍不建議直接代理，可先從作為海外加盟開始，一方向關注經營心態與彼此間的互動狀況，二來也可檢視該代理商在當地的資源與營運能力。藉由前述 3 項的評估，再開始思考與其建立海外品牌代理的可能性，將加盟合約轉成代理合約。他進一步解釋，代理商某種程度是替代總部在當地角色，必須擁有能在當地進行招商、品牌推廣、協力廠商開發、教育訓練、輔導、督導等能力，若能多一點的觀察期，而後再轉為區域代理，較能對品牌有更多的保障。

設計力
04

讓人留下品牌印象的好設計

手搖飲產業裡，所觸及的設計面向很廣，包含視覺識別、包裝文宣、空間設計、材質運用、操作動線等，藉由設計的引導，觸動五感之餘還能留下深刻印象。

Point 1

視覺識別

讓品牌更視覺化

1. 啟動關注期／確立品牌 LOGO 的走向

視覺識別（Visual Identity，VI）是 CIS 企業識別系統中具傳播力、渲染力的部分，能夠使品牌不淹沒於商海，同時也能讓品牌個性、形象更鮮明。VI 是以 LOGO、標準字體、標準色為主軸，呈現視覺表達體系。圖像容易讓人留下記憶，設計時會透過圖像、圖形，將具體內容轉於抽象或視覺化，好記住也容易產生印象；除了主標誌，也會延伸出所謂的輔助圖形，即從標誌擷取元素出發，或是使用連續排列方式，創造出品牌專屬的圖形，利於未來運用於延伸項目。字體部分，桑小喬指出，除了緊扣品牌定位外，簡繁體、中英文字體均要一併考量，方向一致也便於日後運用。商標多半由 1 種或 1 種以上的顏色構成，標準色中又會再區分主色與輔助色，同樣利於企業在日後做運用時不擔心會混亂。桑小喬談到，「市場上同質色調很多，唯獨做出差異才能有記憶點，『迷客夏』以牧草區隔出綠色效果，自然能讓消費者留下印象。」

2. 發展擴充期／**再定位做小幅度的調整**

　　品牌進入市場，初期定位也許是適合的，但隨消費喜好轉移、同樣定位的新品牌加入⋯⋯等因素，原先的定位已不符合需求，故會出現不得不對品牌重新定位。木介設計主持設計師黃家祥談到，「當品牌決定做定位調整，並非得將過去推翻，藉由設計線條、顏色、材質⋯⋯等元素的優化，將整體質感帶出，自然定位也能走到符合的期待。」

3. 成熟優化期／**持續優化以利迎戰海外市場**

　　雖說中英文字體在最初設計定時方向已一致，但當品牌走向國際時，仍得因應國外市場環境做些許調整，像是當地呈現商標的原則，本身字體位置、大小、比例⋯⋯等，這些都得持續優化，才能順利迎戰海市場。

可適時加入針對每季或因應季節主題所推出的
限定版杯款，能夠帶動蒐藏風潮，也能有助於
刺激銷售。攝影＿江建勳

包裝文宣

——

肩負銷售與
推廣的重責

1. 啟動關注期／**基本項目都可先規劃妥當**

　　手搖飲所需的包裝文宣包含店卡、Menu 單、杯子、吸飲套、封膜……等，有了先前的視覺識別（VI）制定，便能依據這些內容物來做設計上的變化運用。成立初期，莊嘉琪建議，基本項目一定要先到位，發展到後期則可再慢慢增加，有利因應市場變化做調整以及成本管控。

2. 發展擴充期／**嘗試推出限定款讓人耳目一新**

　　現在的手搖茶飲走向「內外升級」趨勢，即內容物具顏色，杯身設計也很吸睛。合聿設計工作室執行總監林旻漢談到，為了保持市場熱度，可適時加入針對每季或因應季節主題所推出的限定版杯款，能夠帶動蒐藏風潮，也能有助於刺激銷售。

3. 成熟優化期／**加入環保概念減少地球負擔**

　　減塑、限塑風潮席捲全球，對於塑膠袋、免洗餐具、紙杯、塑膠杯，甚至是吸管等，使用條件都更趨於嚴格。愈來愈多品牌也很有環保意識，因應政策不只在消費策略上提供優惠，也推出環保杯、飲料提袋產品來應戰。桑小喬觀察，品牌也在飲料袋上優化，彈性更好、利於攜帶都是後來在改良上的重點；此外，吸管則是下一波變革重心，從材質、包裝上做調整，讓飲品不只好喝還更環保！

商標多半由1種或1種以上的顏色構成,標準色中又會再區分主色與輔助色,同樣利於企業在日後做轉換運用,
也不易混亂。圖片提供＿合聿設計工作室

1. 啟動關注期／**制定好空間識別標準**

既然選擇創業，便是希望有朝一日能朝多店邁進，讓品牌力量更壯大。因店鋪的空間設計，包含尺寸、設備、材料，甚至具體施工等環節，為了使規劃能完美執行，優士盟整合設計藝術總監翁于婷建議，可先在首間店成立時，就制定出所謂的空間識別標準（Store Identity，SI），後續展店的空間規劃依此規範執行，縮減調性走樣之機率。SI並非只替單店設計，而是要能廣泛適用各種店型的標準空間形象，後續相關人員才能依據店型做調整使用。

2. 發展擴充期／**對應空間稍做微幅修正**

依據啟動期所制定的空間識別標準，找出適用於各個空間的標準空間形象外，黃家祥表示，進行空間配置時，除了環境條件本身，所在區域的「空間使用慣性」也該一併納考量。像是南部有些店是鋪設置騎樓處，且有每天洗地的習慣，更是需要藉由設計規劃，來強化設備的收放與地板清潔性。

3. 成熟優化期／**因地制宜做海外的在地化思考**

在台灣，手搖飲多為「to go」（外帶）形式，店型多以街邊店為主，但是到了東南亞國家如越南、菲律賓等，受環境氣候影響，當地人飲用茶飲多希望入店品嚐，店面就必須加入座位式；歐美消費習慣則是買後找地方坐下來邊聊邊喝，同樣也得因地制宜加設座位區。故品牌經營走到成熟階段，空間設計上應將地域的消費習慣納入思考，空間才能更符合當地人所需。

設計初期便先制訂出所謂的空間識別標準，後續展店依此規範執行，大幅縮減調性走樣機率。圖片提供　元品設計

店鋪力 05

話題與亮點讓人想來的渴望

　　店鋪是展示與銷售的商品的環境，它包含商品、店員與顧客的使用空間。好的店鋪力，緊扣這 3 者，亦要做到從友善顧客、融入主題、操作動線、展示陳列、材質使用等角度出發，具話題與亮點，也引發讓人想來的渴望。

Point 1

友善顧客

感到溫暖的
空間規劃

1. 啟動關注期／耐人尋味的視覺設計

　　人潮就是錢潮，店鋪通常設置在駢肩雜遝的城市街頭或商場之中，周遭可能充斥著雜亂的電線或林立的招牌、看板，如何能在茫茫「招牌海」中被看見，除了本身的 LOGO、店名等視覺設計外，桑小喬指出，可以在其中輔以材質來做表現，加強本身的視覺也增添耐人尋味的味道。以「迷客夏」為例，為了形塑牧場形象，在招牌中加入草皮，讓人眼睛為之一亮也多了點溫度。

2. 發展擴充期／心機設計來店更感窩心

　　品牌準備從單店經營開始走向直營連鎖時，應貼心地關注客群的需求，並在後續店鋪設計上做必要的調整，讓消費者入店能更感窩心。翁于婷表示，若女性客源為主要的消費客群時，可在後續展店時，將設計做微幅調整，像是在點餐吧台上加入層板，或是其他處加設可放置包包的

空間，貼心顧客也便於點餐；或是在適當空間加設座位，讓顧客在候餐時可以避免久站的不舒服。

3. 成熟優化期／**店面內縮友善周邊環境**

　　隨店鋪進駐商圈、生活圈，固然都不希望影響到當地環境，甚至是在地客群、路人，因此可以看到，店鋪規劃上開始朝向將店面內縮，相關工作前台移至店內，等待區同時也一併配置在室內，既不會影響路到路人的行走動線，也能成為街道上獨特的風景。

合聿設計工作室操刀的「約翰紅茶公司」依店環境規劃店型，既不會影響路到路人的行走動線，也能成為街道上獨特的風景。圖片提供　合聿設計工作室

融入主題
———
讓空間不單
調還有自己
故事

1. 啟動關注期／以商標作為空間靈感源

　　品牌創立初期，可藉由融入主題來傳達品牌的定位或精神。初期若資金有限，可以商標作為空間設計靈感源，透過像是材質、色彩的表現，或是將圖像輸出方式並以相框或大圖呈現，空間既不偏離品牌軸心，也有屬於自己的主題故事。「鹿角巷 THE ALLEY」將鹿的頭像作為 LOGO，並以大圖輸出方式呈現在牆面上，醒目又能快速被大家記住。另外，也能嘗試把文化融入其中，成為空間設計表現上的靈感源，由一起設計操刀規劃的「JIATE」，試圖將台灣茶飲文化中「聚」的氣氛融入其中，所衍生出的空間設計，是能夠讓入店的人，能因為茶而停留駐足，進而再因為這杯茶與人、環境甚至文化產生了互動。

優士盟整合設計在「等一下」茶飲店中，加入木製鞦韆，既是亮點也是店家與消費者重要的接觸點。圖片提供＿優士盟整合設計

店裝風格走熱帶雨林調性的「小茗堂」，在網路上有叢林系飲料店美名，利用展示立架將麻繩做的飲料袋展示出來，方式新鮮又與環境不違和。攝影＿江建勳

2. 發展擴充期／**主題打卡牆建立店鋪話題**

IG 行銷正夯是繼臉書後另個熱門的打卡平台，且使用族群也更加年輕化，更符合手搖飲的客群，不少品牌為了讓顧客的 IG 打卡照片能顯示在的粉絲專頁，規劃店鋪時，會試圖將主題打卡牆的概念植入，創造品牌與新世代族群的對話，也讓消費者成為品牌的倡導者，達到快速分享的目的。翁于婷認為，若空間允許建議可在環境中設計一道打卡牆，藉由拍照打卡，表達一種宣傳，也能讓品牌成為話題！她所設計的「等一下」茶飲店，便在環境中加入木製鞦韆，既是亮點，也是店家與消費者重要的接觸點。

3. 成熟優化期／**讓店躍升為生活空間的一種**

店鋪的氛圍形塑影響消費來店的次數與目的，當品牌走向成熟優化期，可嘗試在空間規劃上加入不同思考，像是鹿角巷 THE ALLEY 創辦人邱茂庭嘗試在海外店加入傢具，不只觸動來店次數與消費體驗，也能有利於吸引商務客群的入店的機會。

Point 3

操作動線

——

讓工作流程更順暢

1. 啟動關注期／從飲品製作流程構思設計

　　手搖飲空間主要分為前、中、後場，通常前場包含點餐、收銀、取餐、調茶、組裝；中場為行政或倉儲空間；後場則包含了烹茶、備料、冰箱、製冰機等。各家因使用習慣、空間環境又稍有所不同，主要設計重心多以前場為主，通常須結合最適化飲品製作流程來思考，為有效提升出杯效率，降低人力成本，建議可以製程接力方式，讓人員操作專業化與移動最小化，並搭配中央工作台幹部的控場，來提升作業質量並確認出單順序，避免客訴。

手搖飲店鋪設計會搭配飲品製作流程來共同思考，設備之間保持一定距離，順手好使用且又不需要走太多步，以降低出杯速率與人員的疲勞度。圖片提供＿合聿設計工作

開放式的料理空間設計，加深食用信心與安心。圖片提供＿元品設計

2. 發展擴充期／環境透明化，信任感 UP UP

　　現今是個訴求服務至上的年代，過去傳統手搖飲吧台多半如同過去的銀行櫃台般，有一定高度，如此一來易與顧客產生距離感，現代的銀行也多以降低櫃台高度，以拉近行員與顧客的距離。伴隨食安問題，國人對於「食事」更為重視，現今愈來愈多品牌也降低前區吧台的高度，試圖從設計上做調整，藉由透明、公開方式，大方展示製作過程，讓調製飲品如同演出般提升顧客視覺體驗，亦可提升消費者對品牌的信賴感。翁于婷表示，採取下修前區吧台，修正後高度約落在 90 ～ 100cm，無論工作人員與顧客的眼神交流，抑或是傳遞商品，都能以水平做直視與傳送，大幅減少距離感。

3. 成熟優化期／加入自動化概念減少人為變數

　　品牌在面對海外經營時，會希望將在台灣的成功經驗與標準作業流程（SOP）複製到各地，如此一來，才能確保飲品品質與服務的一致性。因此在操作設計上，各家品牌也不斷在操作技術或設備上進行優化。「迷客夏」為因應接下來的海外市場需求，在研發相關設備上，朝全自動化形式來思考，藉此降低人為變數，也能因應日後少子化、人力需求短缺，以及人事費用不斷提升的問題。

1. 啟動關注期／好清潔符合消防法規

黃家祥談到，「商業空間非住家，人員工作行走、貨運搬送等過程中，都可能都會不小心發生碰撞，再加上餐飲空間訴求乾淨，因此材質選擇上多半會以好清潔、抗污、耐刮、耐撞的材質為主。像是以不鏽鋼、磁磚就較為常見。」簡龍祥表示，「不少店家仍以瓦斯來煮茶，在材質選用建議要將符合消防法規，以提升安全與保障。」

2. 發展擴充期／重新檢視材質是否符合所需

翁于婷談到，初期設計所使用的材質，剛開始的確好用，但使用到後來卻出現易髒、易沾黏等困擾，導致後續需要花更多的時間、人力做定期保養，無論人力、時間都是成本花費的一種。因此，可在後續擴充階段，針對材質進行重新檢視，若有不符合使用需求者，建議更換尋找替代建材來因應。

3. 成熟優化期／保留特色也融入當地風貌

品牌進入海外市場拓點，為了更對外國客人的味，裝潢材質可運用在地材質，讓空間風格更接地氣。以咖啡品牌「星巴克」為例，走進入世界各地亦不敢馬虎，它試圖與當地文化進行融合，保留自己鮮明特色，同時使用在地材質好融入當地風貌。像是位於日本京都清水寺二寧阪店，就採用榻榻米設計座位，非常在地化。

由木介設計所規劃的「米里米里」，經過重新定調後，店鋪變得更具質感。由於飲品本身已具特色，回歸空間、整體調性改以深色系為主，並注入點金色系，徹底提升品牌質感。圖片提供　木介設計

展示陳列

販售商品也
傳達理念

1. 啟動關注期／與形象、訴求取扣在一起

初期經營的品牌，總會遇到理想與現實出現拉鋸，當初期望在空間配置一道打卡牆的「四口木鮮果飲 Szkoumu Fresh Juice」，礙於最後所承租的店型，只好將打卡牆概念捨棄，改以在前台透過展示方式，將新鮮水果展示現出來，不但呼應品牌訴求以新鮮水果為飲品原物料的理念，也加深了讓消費者的安心與信任感。

2. 發展擴充期／美觀與實用兼具

店鋪設計者並非實際工作人員，實際操作與規劃預期皆會在真正使用過程中出現落差，例如是否好拿取、流程是否順暢、會不會阻礙到工作人員的操作或行走動線……等，一旦出現實際與預期上的落差，便建議可在後期做修正與調整，讓展示設計不只美觀還能兼具實用性。

3. 成熟優化期／展示性質的延伸與新定義

品牌發展到後來，若往複合化經營而開始嘗試販售其他周邊商品時，展示陳列就不單只有從體現品牌精神、兼具實用與美觀出發，而必須加入周邊商品一併思考，讓展示的方式具一致性，同時也能讓消費清楚區分各個展示用意。

「切切果鮮果切吧」是「Mr.wish 鮮果茶玩家」所衍生的其他品牌，同樣也是將相關水果展示出來，以加深了讓消費者的安心與信任感。攝影__Peggy

活動力

06

虛實整合行銷讓銷售持續滾動

　　為了促使消費者更頻繁的到訪率，品牌不再只能祭出過往熟悉的行銷活動，如集點、折扣等，必須搞懂數位經濟所帶來的連動效益，喚醒沉睡客戶也拉攏忠誠客源，甚至還能開發不同受眾，讓銷售持續滾動的同時也能拓寬市場。

Point 1

行銷活動

**既鎖客也拉
攏忠誠客源**

1. 啟動關注期／集點、折扣仍具吸引力

　　為緊抓消費者的心，提高品牌接觸與知曉度，業者經常得適時端出行銷活動。官志亮指出，行銷活動大多可分為品牌活動與販促活動兩類。品牌活動強調建立客群對品牌定位上的情感認同；販促活動則強調創造顧客的經濟性利得。在品牌建立初期，推出能與目標族群產生共鳴的品牌活動至關重要，不能一昧的將重心放在販促活動上，販促活動僅能是吸引潛在顧客進行品牌體驗的誘因，以創造品牌移轉，促銷切勿過於頻繁，因為很可能會引起反效果，像是消費者認知價格降低等情況，策略運用上得更加留心。一般來說，品牌總部應致力於品牌行銷，而將販促活動交由各店，在適合該立地環境下，有效的運用。

2. 發展擴充期／與所屬商圈產生互動

　　品牌經營也必須「接地氣」，除了經營初期所提供的

品牌聯名已是一種常見的行銷手法，既能開發不同受眾，銷售持續滾動的同時也能拓寬市場。攝影＿Peggy

品牌體驗、集點、折扣等活動外，也應顧及當地社群，進而引發對品牌的追逐。若店鋪設置在商辦人流密集度高的區域，不妨可與鄰近公司福委會做洽談，作為該公司行號的特約廠商，提供他們專屬的折扣優惠，也能與附近所屬商圈有所互動。

3. 成熟優化期／**異業合作開發不同受眾**

品牌聯名已是一種常見的行銷手法，當進入到成熟期階段，代表品牌在市場上也有一定知名度，可適時納入異業合作方式，開發不同受眾與市場，以互利方式創造雙方業者與消費者三贏局面。手搖飲聯名合作，最常出現在杯身、封膜、吸管套……等，刺激眼球也帶動消費。根據《Opview社群口碑資料庫》資料顯示，「清心福全」於2017年4月首次採取與日本三麗鷗卡通圖案蛋黃哥的聯名，網路聲量成長即近8倍，也出現不少熱門討論話題。

<table>
<tr><td>

Point 2

虛擬效益
———
當今不容忽
視的網路力
量

</td><td>

1. 啟動關注期／讓「少女網」替品牌發聲

　　現今的行銷已進入所謂的「行銷 4.0」時代，行銷學大師菲利普‧科特勒（Philip Kotler）提及，這個時代下關鍵的受眾對象為「年輕人」（Youth）、「女性」（Women）與「網民」（Netizens），簡稱為「少女網」。手搖飲市場身處該時代下，必然要面對這群受眾，如何與他們進行品牌對話則必須要找到對的語言，要引起他們的關注，除了品牌信賴度、引發好奇、體驗活動外，社群經營，以及數位與實體通路的無縫接軌更是重要，如此才能透過他們拍照、上傳、打卡，「倡導」品牌，並做最有效的發聲。經營初期必須要認清所經營的客群為何，用對的語言與他們進行對話，品牌才能在市場中渲染開來。

</td></tr>
</table>

「春芳號」獨特的杯子設計，深受消費者喜愛。圖片提供＿春芳號

首創易開罐茶飲的「極渴」，以獨特的茶飲包裝以及新穎喝法形成市場話題，在 IG 上出現打卡熱潮，隨網路擴散效應，引發品牌在市場上的關注。攝影 — 蔡宗昇

2. 發展擴充期／話題行銷創造顧客好奇心

　　任何面向都能是行銷創造話題的靈感來源，有了話題，既能受到關注也可打動消費者的心。圓石禪飲第三代店「極渴」於 2018 年第二季開始試賣，首創易開罐茶飲店，獨特的茶飲包裝以及新穎喝法形成市場話題，使得臉書、IG 均出現打卡熱潮，隨網路擴散的加乘效應，引發品牌在市場上的關注。

3. 成熟優化期／借力使力帶動新的影響力

　　除了留意網路聲量、製造話題行銷，也能借助意見領袖之力創造話題或帶出新的影響力。「鹿角巷 THE ALLEY」所推出的「北極光」系列，以調出多種顏色的顏質飲品，緊抓住消費者目光，就連台灣藝人林心如、日本團體 AKB48 都曾拍照上傳為品牌應援，透過群體意見領袖創造話題，自然也能進一步掀起風潮並帶來話題。

服務力

07

滿意與感動促成想買的關鍵

市場上商品可以模仿、價格可以競爭，但只有真誠的服務無法取代。手搖飲同樣作為餐飲業的一環，服務亦然重要，無論有形服務還是數位溝通，皆要能解決消費者疑問、滿足所需，促成再次回購的意願。

Point 1

有形服務

——

讓服務變成一種隨手可得

1. 啟動關注期／服務提升面面俱到

服務力涵蓋諸多面向，包含了能無誤的提供顧客的服務需求、能有效關注並回應顧客及時性的需求、能盡力瞭解顧客提供高關懷的貼心服務，以及店頭環境、設備、員工的外顯狀況等。初期營運上，如何培養員工具體觀察顧客需求，建立記錄，提出服務改善，增加消費者對品牌的好感度。

圖片提供＿合聿設計工作室

手搖飲同樣作為餐飲業的一環，服務亦然重要，因為這是促成消費者想再回購意願的因原之一。
圖片提供　合事設計工作室

2. 發展擴充期／**創造感動服務，讓服務力加分**

　　人，其實最能創造有溫度的溝通與服務，當品牌走到了發展時期，仍要藉由人員的服務力道加深消費者對品牌的正面印象，甚至能為品牌正向宣導。此時，應思考能創造顧客感動的服務設計，讓感動顧客的事蹟能建立顧客忠誠，甚或創造品牌話題。像星巴克會在杯套上畫上鼓勵或貼心的祝福，讓許多上班族在喝到咖啡的同時，不僅溫暖了味蕾，也溫暖了顧客的心。

3. 成熟優化期／**讓服務貼近生活化**

　　品牌建立到成熟期，不少分店已在該生活圈、商圈進駐不算短的時間，相對的對於附近鄰居、熟客都已相當熟識，此時的服務，仍必須具備主動性，這樣服務在於主動記住顧客喜好甚至名字，讓服務能更深層，甚至貼近於生活化。

1. 啟動關注期／社群行銷建立服務對話

　　品牌建立初期，絕大多數的預算多被店面租金、人事、原物料……等成本給佔據，通常到了行銷、服務的費用規劃，已所剩不多。莊嘉琪建議，預算有限下，可以先從社群行銷操作起，像是經營品牌自己的臉書、IG 粉絲團，不只提供各向新品資訊、活動好康之餘，也可作為消費者反應問題的管道或平台，人員能在即時的解決或溝通。

圖片提供＿合聿設計工作室

任何面向都能是行銷創造話題的靈感來源,有了話題,既能受到關注也可打動消費者的心。
圖片提供　合事設計工作室

2. 發展擴充期／**就算看不見仍要提供信任**

　　品牌經營步入發展時期,因開始會有更多的直營、加盟等分店展店,此時不只官網需要被建立,就連客服人員也需要被建置,讓消費者可依需求選擇適合的溝通方式,而品牌也必須因應不同地區所產生的消費、服務……等問題,提供最好的解決方案。

3. 成熟優化期／**創新其他數位服務系統**

　　隨數位科技越趨發達,社群平台功能也陸續增加,完善的品牌經營,應當持續優化服務項目,甚至在數位服務上創新。像是提供線上問答功能、或是從官網上就能做線上客服溝通方式,如選擇視訊、網路電話,或文字客服……等方式與人員互動。

台灣人愛喝飲料，根據經濟部統計處資料顯示，2017 年全台灣飲料店的總營業額達 NT.500 億元，商機龐大促使新興手搖飲料品牌蜂擁進入市場。觀察目前台灣手搖飲店以「店鋪」與「複合」形式為主，店鋪式主要多為街邊店，提供消費者外帶茶飲的服務；後者其一是先從單純經營販售飲茶，而後經顧客建議加入餐點銷售，其二則是從茶藝館轉型成複合餐飲店，提供茶飲與餐點。本章節以這兩大形式，並依據「手搖飲發展階段」：「啟動關注期」、「發展擴充期」、「成熟優化期」，蒐羅全台手搖品牌並介紹他們各自的發展故事，另也探討他們的「手搖飲店經營戰鬥力學」：「品牌力」、「商品力」、「營運力」、「設計力」、「店鋪力」、「活動力」、「服務力」，看他們如何在市場中找到獨特定位及創造價值。

Chapter 03

全台 22 家
手搖飲品牌開店經營術

//

以籤詩佐茶，不只有趣還多了份未知感
飲盡生活裡的迷惘與迷信

文／國立臺灣師範大學管理學院吳宇翔、丘彥霖、陳宏斌、廖晉霆、楊恩弼、張中樸　圖片暨資料提供／語菓 Fortune Teller

語菓 Fortune Teller 成立於 2017 年，目前已將品牌代理授權到香港，預計 2019 年暑假會開設香港店。圖片提供＿語菓 Fortune Teller

語菓 Fortune Teller

傳統文化與現代手搖飲的結合，會迸出什麼火花呢？位於新竹市東區的「語菓 Fortune Teller」，是台灣第一間結合傳統廟宇意象及籤詩作為店面特色的飲料店。有別於一般手搖飲店面，語菓提供了座位區，獨特、新潮的形式，吸引了許多年輕客源的加入，也成為該地區獨樹一格的打卡地點。

Brand Data

成立於 2017 年的文化茶飲品牌，希望透過一首籤詩，飲盡生活裡的迷惘和迷信。生活的未知是迷惘，已知是迷信；用一首籤詩佐茶，傾聽內心的聲音。

語菓 Fortune Teller 是由網路媒體「文化銀行」所創辦，團隊們觀察到，現在的年輕族群非常喜歡光顧手搖飲店，但隨時代快速進步與發展之下，生活周遭早已被新興科技所佔據，使得傳統文化在社會中逐漸式微。因此，希望能藉由茶飲與文化的相結合，讓濃厚的知識素養能傳遞給年輕族群，同時吸引更多人關注傳統文化。

喝口茶、求支籤，釋放生活壓力

文化銀行過往業務多著墨在台灣傳統文化復興的議題與活動上，當時在尋求該融入怎樣的文化時，構思了一段時間，最後發現到台灣廟宇種類繁多，在興建、設計上又跟各地信仰或儒、釋、道家的不同，而產生差異；其中廟宇中又有獨特的求籤文化，在這個紛亂的時代下，每當迷惘時總希望能藉由走一趟廟宇、求支籤詩，讓心靈找到依靠、心情獲得平靜。

於是最後將茶飲與籤詩做結合，在喝茶的同時能感受到傳統廟宇元素融入整套服務體驗中；語菓提供學習、人生、工作、感情類的籤筒，當客人們買飲料時順便求籤問問近況，既是提供現代人一種寬慰的方式，也藉由喝一杯語菓的招牌水果茶、求一支籤，也許能抒發一點生活壓力。

由於茶飲的客層多半屬年輕族群，團隊最後選擇落腳新竹，鄰近火車站與大遠百商圈，熙來人往的客群中，除了有鄰近的交大、清大學生，商圈、車站一帶也有通勤上班客源，藉由不同人流帶動銷售。也正因為落腳在地，店內所有的籤詩都是來自媽祖廟的六十甲子籤，希望能讓品牌更接地氣。

裝潢加入傳統文化的符號

為了讓店裝能與品牌設定相符合，設計上將廟宇語彙以現代、簡約等元素來做轉化與呈現，走進店內就能感受到具現代意味的寺廟，不像真實廟宇般用色華麗，轉而以淺色系來呈現，拉出空間質感也達到放大視覺的作用；牆上掛著的籤詩櫃以及做成線香形狀的吊燈，讓店內充滿著東方廟宇的氣息。

不同於一般的外帶式手搖飲，語菓特別在店內規劃了座位休息區，讓人可以

牆上掛著的籤詩櫃，讓店內充滿著東方的氣息。圖片提供_語菓 Fortune Teller

將廟宇語彙以現代、簡約等元素來做轉化與呈現，走進店內就能感受到具現代意味的寺廟。圖片提供_語菓 Fortune Teller

語菓特別在店內規劃了座位休息區，讓人可以靜靜的坐下來，享受店內廟宇的裝潢與感受求籤的氛圍。圖片提供
語菓 Fortune Teller

靜靜地坐下來，享受店內廟宇的裝潢與感受求籤的氛圍。不管是飲茶時來自朋友
的關心，或是店內文靜的氛圍，語菓希望讓顧客可以體會到廟宇的靜謐與清香。

特調水果茶深獲粉絲喜愛

　　為了讓顧客能同時體驗到完整的水果味與茶香，語菓選擇有別於鮮榨果汁
的做法，精心將水果熬煮成果醬，去除果肉中口感不佳的部分，切成細丁，然
後用糖醃漬，將水果中的水分釋出，再用高溫燉煮，少量多次的慢工細活，歷
經溫度與時間的淬煉，才能更為豐富、更加成熟，再選用台灣特選茶葉，調理
出幸福暖心飲品。明星商品有「漸層鮮奶泡雪松烏龍」、「粉紅爛漫」、「橙
黃橘綠時」、「梨園吹鳳曲」……等。

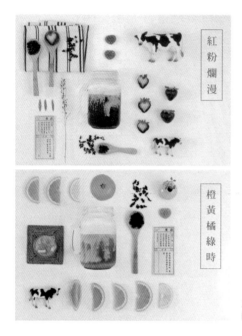

「雪松烏龍」店內的明星商品之一，茶與鮮奶結合創造具漸層美感的外觀。圖片提供＿語菓 Fortune Teller

此為「紅粉爛漫」與「橙黃橘綠時」能喝得到新鮮果粒。
圖片提供＿語菓 Fortune Teller

　　在行銷活動上，除了每季會推出新商品以外，語菓特別與粉絲應援團異業合作，相中現在年輕世代瘋韓星藝人的趨勢，尤其與韓國藝人的粉絲團合作最多，例如針對韓團 Wanna One、防彈少年團，推出限定周邊商品，受到青少女族群打卡與喜愛，經常造成店外大排長龍，亦獲得 2018 新竹十大伴手禮的殊榮。

從在地跨向海外的文化復興夢

　　近 10 年來台灣強調文創產業，從文化產業化的期待，到產業文創化的轉變，許多青年返鄉創業、務農、經營社區，語菓團隊以網路媒體文化銀行起家，透過網路報導紀錄台灣文化記憶，積極致力於傳統文化創新及傳承，包括發起平溪環保天燈群眾募資活動、開設 1949 懷舊民宿，皆希望傳遞文化的種子。

　　目前語菓品牌創立已 1 年多，經過這段時間的摸索逐步確立推廣方向，除了在台灣本地設點，另也已將品牌代理授權到香港，期許香港青年逐漸關注在地文化，預計 2019 年暑假會開設香港店。

店鋪營運計畫表

品牌經營

品牌名稱	語菓 Fortune Teller
成立年份	2017 年
成立發源地／首間店所在地	新竹市文昌街 99 號
成立資本額	約 NT.120 萬元
年度營收	約 NT.400 ～ 500 萬元之間
國內／海外家數佔比	台灣：1 家、海外：0 家
直營／加盟家數佔比	直營：1 家、加盟：0 家、已有香港總代理
加盟條件／限制	可來信詢問
加盟金額	可來信詢問
加盟福利	可來信詢問

店面營運

店鋪面積／坪數	30 坪
平均客單價	約 NT.60 元
平均日銷杯數	約 300 杯
平均日銷售額	約 NT.18,000 元
總投資	約 NT.200 萬元
店租成本	約 NT.6 萬元
裝修成本	設計裝修 NT.100 萬元
進貨成本	不提供
人事成本	約 NT.15 萬元
空間設計者／公司	文化銀行

商品設計

經營商品	水果茶飲、奶茶、奶蓋類
明星商品	漸層鮮奶泡雪松烏龍、粉紅爛漫、橙黃橘綠時、梨園吹鳳曲
隱藏商品	無
亮眼成績單	2018 新竹十大伴手禮獲選店家

行銷活動

獨特行銷策略	無
異業合作策略	應援活動：消費一杯飲品，於 Facebook 或 instagram 拍照打卡、標註語菓 fortuneteller，即可獲得合作偶像之杯套或精美小卡。

開店計畫 STEP

2017年 3月
開始籌備

2017年 7月
正式開幕

不只是酒，原來果汁也能來一下特調

幸福的滋味是一口、兩口、三口、四口，喝著四口木

文／國立臺灣師範大學管理學院劉津秀、陳姿心、陸禹彤、徐鈴　攝影／劉津秀　圖片暨資料提供／四口木鮮果飲 Szkoumu Fresh Juice

空間前台配置了挑高木架，上面擺放大量的水果，藉由陳列設計，加深品牌信心與好感度。
攝影＿劉津秀

四口木鮮果飲
Szkoumu Fresh Juice

癮頭來的時候，總想喝杯飲品開心一下？喝膩了高熱量的含糖飲料，總想著是否還有其他更健康、更好喝的「飲」食選擇？座落於台北市師大路與羅斯福路交叉口的「四口木鮮果飲 Szkoumu Fresh Juice」，看準消費市場需求，將果汁加入飲酒「特調」的概念，設計出與市面上同類飲品之間的最大差異特色，讓果汁飲擁有豐富的層次口感以及兼具美麗質感的外觀。

Brand Data

太陽風企業社設立於 2018 年 7 月,旗下
品牌「四口木」為推廣健康果飲結合時尚,
強調完全以新鮮水果調製而成,口感扎實、
好喝。為推崇國人養生概念,所有飲品皆
為專業比例調製,完全無任何化學添加物,
所有原物料都採本店獨家配方自製。

四口木鮮果飲 Szkoumu Fresh Juice 創辦人楊祐剛、蘇文頡、許俊明在投入手搖飲市場之前,就在從事水果飲相關生意。工作一段時間後,萌生轉換跑道的念頭,恰好遇上調酒師朋友張言煦,兩人相談後發現許俊明過去有接觸過水果飲的經驗,而張言煦則是調酒師,何不乾脆讓果汁也來特調一下,於是在 2018 年 7 月成立了這間有別於傳統的健康果汁飲品店。

目標性選址,讓健康飲打中主要客群

既然決定開設果汁飲品店,那麼在店名選取上也得與水果扣合,於是決定從「果」字出發,細細研究後發現「果」字分別是由四、口、木 3 字所組成,無論組合、拆開都與果離不開關係,最終便以此作為品牌名。由於產品線是屬於健康的果汁飲品,其中發現又以年輕女性的關注層面較高,於是在店面選址上反覆做了推敲與評估,最後選擇落腳於捷運台電大樓站附近,這一站既是前往師大、公館商圈重要的連結口,再者也匯集不少學生與鄰近的上班族。

四口木所承租到的店面屬狹長型格局,空間設計由楊祐剛所操刀,其本身是一位刺青師同時也是四口木的創辦人之一,對於美術、美工特別有想法,為了與眾不同,便交由他負責規劃。張言煦回憶,當時為了符合時下年輕人拍照、打卡的訴求,除了想在店門口放置盪鞦韆,也想在店內設計一面網美打卡牆,

讓顧客能走進店裡面拍照，不過礙於實際店型關係，便決定重新調整設計，因應長型空間，絕大多數的環境均用來安置相關設備，另利用主牆面將店名LOGO植入，滿足打卡的需求。由於整間店訴求飲品以新鮮水果調製而成，在前台空間配置了挑高木架，並擺放大量的水果，讓人一目了然店內是真的如實採用新鮮、當季的水果來調製飲品，藉由陳列設計，加深品牌信心與好感度。

從觸目到飲下那一刻，層次不斷圍繞

將果汁融入「調酒」概念，並非真的加入酒飲，而是借字的音來表意，透過不同的水果進行調合，帶出獨特的口感。會有這樣的創意產生，源自於過去一般傳統式的果汁店大多為單一品項商品線，像是西瓜汁、柳橙汁、檸檬汁⋯⋯等；若是製作混合果汁，則是將不同的水果全打在一起並製成1杯，外觀上較無特色。

於是四口木選擇從製作方式做出差異化，「一口木」即為單一水果製作的飲品；「二口木」即為2種水果製成的飲品；同樣地「三口木」、「四口木」則分別為3種、4種水果組合而成。在製作時，必須透過兩位人力來接力進行，最後再將其混搭，即完成所謂的特調。當消費者拿到飲料時，除了單一水果製

「果」字分別由四、口、木3字所組成，無論組合、拆開都與果離不開關係，便決定以此作為品牌名。
攝影＿劉津秀

四口木的果汁飲在製作時，必須透過兩位人力來接力進行，最後再將其混搭，即完成所謂的特調。攝影＿劉津秀

作的種類，基本上兩種以上，都可以看到鮮明的層次。以「四口木」為例，其中共有 4 種水果，上半杯會喝到其中兩種水果，下半杯則是另外兩種，每一口都是不同滋味，遇果飲彼此相調合在一起時，又是含有多種層次的口感。

穩住首間店的經營，找到品牌最適定位

手搖飲店的經營，亦相當重視如何發揮坪效，店內除了販售果汁、果茶，另也提供相關茶飲以及鬆餅輕食。此外，店內目前除了提供外送服務之外，也提供會議水果的擺盤以及外燴，藉由不同服務讓銷售更加多元化，此舉也成為四口木相當獨特的推廣方式。

健康是品牌的主訴求，除了在空間形象、產品做到相互扣合外，多食用蔬果也有利於環保。因此，品牌特別在 2018 年 12 月開始，提倡「四口木與您一同愛地球」活動，呼籲大家一起做環保愛護地球，同時也讓消費者享有自備環保杯購買任何飲品折 NT.10 元的優惠。

目前成立不到 1 年的四口木，僅有台北 1 家門市，預計在接下來仍持續了解市場反應與需求，同時也會透過臉書粉絲團的操作與消費者進行互動，不斷在經營上應變調整，讓整體品質、品牌都走向更好。

店鋪營運計畫表

品牌經營

品牌名稱	四口木鮮果飲 Szkoumu Fresh Juice
成立年份	2018 年 7 月
成立發源地／首間店所在地	台灣台北／台灣台北大安區
成立資本額	約 NT.180 萬元
年度營收	目前成立未滿 1 年，目標為 NT.450 萬元
國內／海外家數佔比	台灣：1 家、海外：0 家
直營／加盟家數佔比	直營：1 家、加盟：0 家
加盟條件／限制	可電話洽詢
加盟金額	可電話洽詢
加盟福利	可電話洽詢

店面營運

店鋪面積／坪數	不提供
平均客單價	每杯約 NT.65 元
平均日銷杯數	約 100 ～ 130 杯／天
平均日銷售額	約 NT.8,000 ～ 11,000 元
總投資	NT.180 萬元
店租成本	NT.20 萬元（含 2 個月押金）
裝修成本	NT.50 萬元
進貨成本	NT.90 萬元
人事成本	NT.12 ～ 15 萬元／月
空間設計者／公司	楊祐剛

商品設計

經營商品	果汁、茶飲、果茶
明星商品	火焰山（紅龍果香蕉牛奶）
隱藏商品	店長特調、紫金橙、橙金鳳、小網莓
亮眼成績單	無

行銷活動

獨特行銷策略	· 利用低價吸引顧客，不定時推出促銷活動 · 針對一週營業額較差的幾天推出優惠活動，例如星期日沒有上課，學校附近較不會有學生，因此推出第二杯同品項飲品半價優惠 · 由於雨天客源變少，推出第二杯同品項飲品 10 元的優惠活動 · A4 立牌告知當天優惠，例如新品促銷、冬天特賣飲品 · 與特約商店合作，提高品牌知名度 · 針對公司行號或學校，尤其學校，憑學生證即享優惠，主要客源鎖定學生 · 發放折價券給有來談合作的學校系所，增加曝光率
異業合作策略	無

開店計畫 STEP

2018年 7月
太陽風企業社成立

2018年 8月
籌備期

2018年 9月
旗下品牌「四口木」試營運

2018年 10月
正式開幕，新增外送與提供會議水果、外燴服務

2018年 12月
第 2 個月面臨季節轉變（下雨天），加入優惠行銷手法促進銷量

2019年 1月
第 3 個月開始冬季新品研發，做銷售因應

2019年 2月
過年期間開店營業時間調整

中部經典涼水新勢力
藏身建國市場旁的台灣涼水專賣店

文／國立臺灣師範大學管理學院蘇群智、吳啟豪、李佳柔、吳嘉瑜、黃可心　圖片暨資料提供／阿蓮茶

位於建國市場的店面，簡約的木頭吧台、藍綠色的招牌、建國市場的紅磚建築以及牆上醒目的歐吉桑代言人，無不散發濃濃台灣傳統古早市場的氛圍。圖片提供＿阿蓮茶

阿蓮茶

說到台灣傳統茶飲，一般都會想到菜市場裡或路邊價格較低廉的茶飲店，與時尚、文創似乎沾不上邊，「阿蓮茶」創辦人 Tsai 為了推翻過去多數人對茶飲的印象，將台灣的古早味重新推廣、發揚，進而催生出有別於市場既有形式的茶飲品牌。

Brand Data

創立於 2018 年 7 月，秉持著為台灣傳統經典涼水發聲的理念，在台中建國市場旁開設第一間概念店。有別於其他茶飲店琳瑯滿目的菜單，阿蓮茶雖只有提供 8 種常見的茶飲，但每一種茶飲都是創辦人親口品嚐研發，且利用 30 年的古法手工熬煮而成，一點都不馬虎，為台灣涼水茶飲持續努力。

阿蓮茶創辦人 Tsai 對市場洞察準確且有自己獨到的看法，他發現，經營多年的傳統飲料老店，多半都是依附在市場商圈下，且各家一定擁有 1 項代表性飲料商品，以台中市為例，第五市場的阿義紅茶、第二市場的老賴紅茶、第三市場的太空紅茶等皆是如此。確立要做出含有古早風味的茶飲品牌後，在商圈定位的部分，也必須相互扣合，才能將效益發揮出來。

在第五市場、第二市場、第三市場已有品牌進駐的情況下，團隊鎖定重新改建後還未出現具代表性的建國市場茶飲店，看中這商圈需求的缺口便決定落腳於此，期望透過用心的經營，自然而然將「建國市場」、「阿蓮茶」畫上等號。

酸梅湯成力主商品，滿足在地市場商圈對外帶飲的需求

當初在產品設定上，阿蓮茶也費了一番工夫。創辦團隊觀察，市場上常見傳統茶飲店其產品多以楊桃汁、冰紅茶為主，既然要做出差異，除了基本古早味紅茶、翡翠綠茶等，阿蓮茶選定以酸梅湯作為招牌飲料，再透過不同的煮法，讓風味、口感，甚至甜度等都能適合現代人的需求。

至於在裝潢上，由於 Tsai 本身即是專職設計師，因此從 LOGO 設計、各項文宣設計、產品包裝，甚至到店面設計等，都由他親自操刀。他也不諱言，首

間店剛創設，任何花費都是成本支出的一種，盡可能善用來完成，也達節省開店成本的目的。

位於建國市場的店面設計，採用簡約的木頭吧台、藍綠色的招牌、建國市場的紅磚建築以及牆上醒目的歐吉桑代言人，無不散發濃濃台灣傳統古早市場的氛圍。至於在產品包裝上也可以看到更現代俐落，符合時下簡單、剛好的概念，透明的杯身、瓶身設計，讓人可以一目了然茶的內容，用最單純的產品訴說設計，也讓消費者能喝得更安心、放心。

考量茶飲客人購買的需求，再者市場客源會來買飲料，多半是逛個市場途中買杯飲料來獲取短暫的解渴，因此，目前店面主作為形象店，仍以服務外帶客為主，並沒有加設可內用的店鋪。

透過異業合作，找尋茶飲新商機

由於店鋪位處市場關係，營業時間為上午 5 點半～下午 2 點，為了能增加其他營收與推廣，Tsai 也透過不同異業合作找出新商機。

「當今的手搖飲市場，或是新興飲料店，其背後都有龐大的資本與團隊在

阿蓮茶將產品線延伸推出瓶裝飲料的包裝系列，與其他店鋪或者餐廳進行合作，透過租用其冰箱來販售飲料。圖片提供＿阿蓮茶

阿蓮茶的宣傳單、名片等設計風格相當復古懷舊。
圖片提供＿阿蓮茶

阿蓮茶創辦人 Tsai 為了能推翻過去多數人對茶飲的
印象，且也想將台灣的古早味重新推廣、發揚，進而
催生出有別於市場的茶飲品牌。圖片提供＿阿蓮茶

協助運作，目前全台知名連鎖名店之間的競爭十分激烈，實在很難殺出重圍，
甚至在手搖飲市場存活，更何況我們這種特色單一小店？」創辦團隊說道。因
此，阿蓮茶決定不走手搖店加盟路線，而是主攻瓶裝飲料市場，即將產品線推
出瓶裝飲料的包裝系列，透過異業合作的方式，在台中各式餐廳進行鋪貨，目
標成為台中地區所有餐廳都能看到的獨立瓶裝茶飲品牌，讓大眾到餐廳用餐之
餘，都能隨手來上一瓶阿蓮茶瓶裝飲料。

　　在與其他店鋪或者餐廳的合作上，阿蓮茶選擇租用餐廳的冰箱來販售飲
料，過去也曾遇到過想合作的餐廳裡未設有冰箱，於是董事長決定親自提供冰
箱給餐廳，進而爭取到合作的機會。與餐廳合作上採取時補充貨源的方式，在
補貨的同時也能進一步了解到哪項商品較受客源青睞，哪些又該成為日後研
發、調整的考量。目前 1 個月商談 5 家餐廳進行配合，預期合作目標數是 100
家餐廳。在尋求合作前，也做了其他的評估，像是目前很火紅的 Uber Eat，因
阿蓮茶本身商品的單價偏低，扣除抽成費用，幾乎無利可圖，所當初在設定異
業合作時，未將此納入考量。

　　目前瓶裝飲料與手搖飲營收占比為 9：1，除了國內，未來也想朝海外推廣，
讓具有獨特風味的台灣古早味能發揚更廣為人知。不過，在進軍海外市場前，
國內各類通路的擴展仍是需要準備的方向之一，且手工熬煮茶飲也還有像是穩
定茶飲品質、如何拉長保存期限、補充貨源量……等問題待解決，接下來將先
等到這些問題都可克服後，便會逐步朝海外做推廣。

店鋪營運計畫表

品牌經營

品牌名稱	阿蓮茶
成立年份	2018 年
成立發源地／首間店所在地	地台灣台中市／台灣台中市東區建國市場
成立資本額	約 NT.80 萬元
年度營收	約 NT.80 萬元
國內／海外家數佔比	台灣：1 家、海外：0 家
直營／加盟家數佔比	直營：1 家、加盟：0 家、合作餐廳：5 家（未來計畫每月擴展 5 家合作餐廳，今年目標 100 家）
加盟條件／限制	· 合作餐廳多為熱炒、簡餐、洋酒行和火鍋店等店家 · 主打餐點標配付費飲料，日常就會常喝的飲料，而非特殊飲料
加盟金額	合作餐廳採月租 NT.3,000 元，在店裡放置專屬冰箱販售瓶裝飲，如店家有跟 UBER 合作，自家瓶裝飲會加入其菜單供消費者選購
加盟福利	免費在店裡放置專屬冰箱，3 個月後冰箱歸商家所有；不用自己備料，只要付租金、提供空間跟插電處即可，賣 1 瓶能賺 NT.10 元，目前每月從每店獲得的收益為 NT.1～1.5 萬元

店面營運

店鋪面積／坪數	10 坪
平均客單價	平均每杯約 NT.30 元
平均日銷杯數	店面與罐裝茶皆為 200pics ／ 1 天
平均日銷售額	約 NT.6,000 元
總投資	約 NT.80 萬元
店租成本	不提供
裝修成本	不提供
進貨成本	約 NT.10～20 萬元
人事成本	2 位 PT（Part-time），每個月人事費為 NT.1.5～2 萬元，老闆跟合夥人的薪資來自於每月營收扣除成本還本金
空間設計者／公司	創辦人團隊／舍革創意

商品設計

經營商品	冬瓜鮮乳、酸梅檸檬、冬瓜檸檬、紅茶拿鐵、手熬冬瓜茶、慢火古味紅、輕焙翡翠綠、老罈酸梅湯
明星商品	老罈酸梅湯、冬瓜檸檬
隱藏商品	蘋果綠茶
亮眼成績單	與在地傳統熱炒類等桌菜餐廳合作

行銷活動

獨特行銷策略	· 選在傳統市場發跡 · 與專業茶行、貿易商合作 · 打造傳統洋酒商供貨模式與餐廳合作 · 未來可能會參照啤酒模式推出茶促小姐
異業合作策略	· 與林倍咖啡聯名推出「新春啡富吉桂禮盒」，內容有咖啡和桂花茶包 · 與煙嵐雲岫茶行合作銷售罐裝冷泡茶

開店計畫 STEP

2018年 3月
開始籌備

2018年 7月
建國市場形象店正式開幕

2018年 9月
推出共計 8 樣產品：古味紅茶、翡翠綠茶、冬瓜茶、酸梅湯、冬瓜檸檬、酸梅檸檬、冬瓜鮮乳、紅茶拿鐵

2018年 9月
老罈酸梅湯／無糖翡翠綠罐裝涼茶於中秋節開始試賣

2018年 12月
本年度罐裝涼茶合作店家達到 5 家

2019年 3月
預計本年度罐裝涼茶合作店家達到 30 家銷售因應

2019年 8月
第十個月預計損益兩平

潮流引領、話題製造，自許時勢觀測先鋒

「黑潮」來襲勢不可擋！旋風式拓點策略搶攻商機

文：李奕霆 攝影／Amily 資料暨圖片提供／幸福堂

門面結合了造型屋簷、巨幅匾額、大紅燈籠、復古大灶等傳統文化意象，演繹舊時街市生活之熱鬧非凡。攝影＿Amily

幸福堂

成立於 2018 年的「幸福堂」，由新竹城隍廟周邊一間小小的街邊店發跡，不過 1 年多的時間，即成功打響知名度，站穩黑糖珍珠鮮奶品牌之領導地位，其據點分布全台各地人潮聚集區；甚至同步積極搶佔海外代理市場，截至目前，包含已開設及籌備中分店已突破 100 間，遍及大陸、港澳、東南亞與北美主要城市，且數量持續穩定成長中，挾驚人之勢，締造年營業額高達 NT.5 億元的傲人佳績。

Brand Data

自 2018 年創立於新竹城隍廟周邊，
即火速帶動國內黑糖珍珠鮮奶風潮；
其黑糖之使用，講究由每日手炒製
作而成，絕不含色素、香精等人工
添加物，不僅讓消費者吃得健康心
安，也透過遵循古法的堅持，傳遞
庶民記憶中那難忘的傳統滋味。

台灣知名黑糖珍珠鮮奶品牌幸福堂，自 2018 年 1 月創業以來，以鋪天蓋地的拓點策略，攻佔全台各地一級商圈。不過大概很難想像，其創辦人兼總裁陳泳良在 1 年多前，仍深陷財務危機所困，而正是這杯黑糖珍珠鮮奶的無心插柳，意外成了他人生中的救命索。

童年回憶激發靈感，抓準契機翻轉人生

事實上，從學生時代起，陳泳良便對從事生意十分感興趣，即便是簡單批個髮飾、衣帽來賣也甘之如飴。畢業後，他轉而投身餐飲，就在歷經多次創業失敗後，幸運搭上漸層果汁熱潮而大賺一筆；孰料這股風潮退燒太快，偏偏他又已投下大筆資金興建廠房，最後只好忍痛退場，跌入瀕臨破產的窘境，迫於無奈下返回新竹老家。

而這段經歷，卻也勾起了陳泳良的童年回憶。他表示，自己從小便與阿嬤共同生活；調皮的他，有次又在外頭與其他小孩玩耍打鬧，阿嬤為了阻止，竟一時忘了爐火上的黑糖，結果誤打誤撞，熬煮出略帶焦香的濃稠黑糖漿。對他來說，那正是乘載了成長記憶的幸福滋味。

於是，這段偶然想起的往事，給了陳泳良再次創業的靈感；當時恰好又碰

上城隍廟周邊有店面頂讓，他便心一橫，懷抱著必須將阿嬤的手藝推廣給大眾的堅定意念，將身上僅存的積蓄孤注一擲。然而在資金有限的情況下，其過程走來難免分外艱辛，「初期根本沒有裝修預算，只能靠白天賣黑糖珍珠賺的錢，買些建材回來自己敲敲打打，慢慢才打造出較完整的店面。」陳泳良如此娓娓道來。

不過情勢很快獲得逆轉，幸福堂成立不久便迎來農曆新年，期間城隍廟一帶參拜者眾，加上品牌故事經由網路流傳引發迴響，因此吸引大批消費者紛紛慕名而來。陳泳良坦言，當時的排隊盛況真是始料未及，每天準備的黑糖珍珠都不夠賣，只能動用所有人力，夜以繼日地趕工熬煮，甚至創下日銷 6,000 杯的驚人成績。

陳泳良認為，幸福堂之所以能在短時間建立起口碑，正是因品牌對於原物料品質的堅持；即便當前分店總數已累積至龐大規模，仍然不計成本、人力，講究每日手工炒製黑糖，不僅為消費者的食安把關，也表現出對於延續傳統古早味之情感與使命。

打破保守成本思維，選點直闖黃金地帶

綜觀幸福堂的據點分布，皆座落於人潮眾多或小吃店密集之處，諸如台北西門商圈、台中一中商圈、高雄瑞豐夜市……等傳統商空一級戰區，無畏價格相對高出許多的店租成本。陳泳良強調，幸福堂的定位屬於話題潮流店，加上相較其他手搖飲而言單價較高，不太可能天天喝，因此無法過度仰賴回頭客，反觀大量行經的過路客、觀光客才是目標客群，即他口中所謂「活的人潮」，故多數據點全集中市場黃金地帶。

同樣的選點策略也反映在其海外市場布局，例如幸福堂首家海外門市便選擇落腳具指標意義的香港。陳泳良說，無可否認，香港為亞洲首屈一指的國際之都，若好好抓準契機，勢必能起順水推舟之效，有助於日後其他國家與城市之經營。果不其然，繼香港之後，先是有馬來西亞的業者前來洽談代理，接著則是新加坡、

（左）幸福堂創辦人兼總裁陳泳良。（中）類開放式廚房的設計，使食材製備流程全部透明化，讓人吃得更心安。
（右）籤詩的互動概念，為原本單純的消費體驗增添無窮樂趣。攝影—Amily

泰國，一路串聯全東南亞，甚至飄洋過海擴及歐洲與北美；在地圖上看來就像起了連鎖效應，陳泳良笑稱，「口碑就好像是感冒，是會傳染的！」

同時為因應海外消費者的不同飲食習慣，幸福堂也作了菜單上的微幅調整，如北美地區盛行咖啡文化，遂添入咖啡系列飲品，東南亞則因氣候炎熱，當地人偏好於室內久坐休憩，因此加強了餐點品項的開發，如台灣門市並未販售的冰淇淋、舒芙蕾等。

然而，當被問及是否擔心展店速度過快，造成品牌泡沫化的情形？陳泳良自信地搖搖頭說，「過去許多泡沫化的案例都是因為品牌沒有持續創新，對於市場的敏銳度及觀察也都不夠，絕不能自以為憑藉著幾項明星商品就能賣一輩子。」據他分析，幸福堂的優勢即在於面對日益競爭的市場，依然能創造潮流、與時俱進，其編制內的研發部門時時都在腦力激盪，集思廣益尋求創意點子；而他自己則是一有空就隨時瀏覽臉書、IG 等社群媒體，定期追蹤並主動發掘全球餐飲動向，或是閱讀商業雜誌，掌握世界趨勢與各國經濟發展現況。

幸福堂主力商品「焰遇幸福黑糖珍珠鮮奶」。圖片提供＿幸福堂

設計呼應人文地景，因應時空彈性修正

循著香氣指路，實地走訪幸福堂的街邊店鋪，映入眼簾的即是炒製黑糖珍珠的懷舊大灶；現場人員正賣力揮舞著鍋鏟攪拌，似乎每一下都能感覺到釜裡的黑糖漿又再更濃郁香醇了些。對此，陳泳良補充，店鋪的檯面高度設定，刻意不超過 80cm，其目的就在於拉近與消費者之間的距離，並營造開放式廚房般的場域，呈現乾淨、通透的明亮視覺，其飲品製備流程一目了然，令人心安。

緊接著抬頭一瞧，可望見造型屋簷、大紅燈籠及高懸的匾額等文化元素，讓人聯想傳統廟埕足音雜沓、熱鬧歡快之景象，亦呼應了品牌創始店由新竹城隍廟周邊發跡的創業心路。一則還有籤筒及籤詩櫃，在消費之餘，增加了品牌與顧客之間互動的可能。

隨著幸福堂不斷求新求變的發展脈絡與企業核心精神，目前的店鋪設計已逐步轉型成以簡約時尚風格為訴求的全新 2 代店，並在導入了純白色的主視覺調性以及溫潤的木質紋肌理後，演繹出與 1 代店截然不同的空間詮釋，無疑又為品牌再次建立了嶄新的里程碑；同時，亦埋下了引人好奇的伏筆，讓人不禁思索其未來究竟又會因受時勢所趨，展現何等前瞻思維並如何具體落實，精采可期。

店鋪營運計畫表

品牌經營

品牌名稱	幸福堂
成立年份	2018 年
成立發源地／首間店所在地	台灣新竹市／台灣新竹市北區
成立資本額	NT.10 萬元
年度營收	NT.5 億元
國內／海外家數佔比	台灣：38 家、海外：108 家（含籌備中 93 家）
直營／加盟家數佔比	直營：1 家，其餘為國內加盟與海外代理
加盟條件／限制	無
加盟金額	NT.88 萬元，不含原料費用
加盟福利	生財器具設備、設計圖、技術轉移（含軟體、硬體、飲品製作；總部提供資源：宣傳、授權金）

店面營運

店鋪面積／坪數	平均 10 ～ 12 坪
平均客單價	約 NT.55 元／杯
平均日銷杯數	約 1,000 杯
平均日銷售額	不提供
總投資	不提供
店租成本	不提供
裝修成本	依坪數計算，以 5 ～ 7 坪為例，約 NT.10 萬元初
進貨成本	不提供
人事成本	不提供
空間設計者／公司	不提供

商品設計

經營商品	鮮奶茶、奶茶、果汁
明星商品	焰遇幸福黑糖珍珠鮮奶
隱藏商品	無
亮眼成績單	創下日銷 6,000 杯之紀錄

行銷活動

獨特行銷策略	集點活動：集滿 10 點，兌換 NT.35 元飲品
異業合作策略	無

開店計畫 STEP

2018年 1月	2018年 8月	2018年 12月	2019年 3月
成立幸福堂	香港店開幕	加拿大溫哥華店、大陸深圳海岸城店、菲律賓店開幕	馬來西亞疏邦再也店、澳門三盞燈店、澳門大三巴牌坊店開幕

從攤販起家，步步為營穩固市場
化危機為轉機，為品質多重把關

文／國立臺灣師範大學管理學院王昭力、簡子均、陳品文、陳昱如　資料暨圖片提供／珍煮丹

珍煮丹最初只是一間小小的攤販，以一步一腳印的方式，最終於 2010 年，在台北士林觀光夜市開展了第一間店面。圖片提供＿珍煮丹

珍煮丹

提到黑糖手搖飲，多數人首先聯想到的就是「珍煮丹」。招牌的黑糖珍珠與濃純鮮奶融合在一起，飲入口中迸發出協調又不膩的火花，接著吸起珍珠，散發濃濃黑糖所熬煮出的迷人香氣，風味讓人難忘。然而能在「黑糖風潮」中佔有一席地位，不只台灣就連國際也大受歡迎，珍煮丹執行長 Kova 表示，「一路走來真的非常不容易。」

Brand Data

「秉持著將珍珠煮成仙丹的精神，成為現在的珍煮丹。」從台北士林觀光夜市發跡，以黑糖及珍珠為主軸，經歷半年以上的研發、反覆調配比例，終於推出主打飲品「黑糖珍珠鮮奶」，遞上最懷念的味覺享受，給予最幸福的滋味。以「服務、品質、態度」這3項核心價值及最初的理念，自始至終從未改變，堅持做到好，做到位、使品牌價值打敗價格。

最初只是一間小小的攤販，懷抱著想在飲料這片紅海做出獨特滋味的夢想，以一步一腳印的方式嘗試與學習，秉持好商品與品牌必須在人潮多的地方才能得到推廣的精神，最終於 2010 年，在台北士林觀光夜市開展了第一間店面。

在珍煮丹經營的這些年來，基於對消費者的強烈責任感，他們謹慎選擇合作對象，把每一間加盟店都當作自己的主店在維護。其成員都需要經過長達 8 週的嚴格教育訓練，並且在通過考核後才能開店。也因此，珍煮丹至今在台灣只有 8 家直營店與 27 家加盟店，相較於其他飲料店，推展速度較慢。「因為重視每一個夥伴，我們可以放慢成長，珍惜珍煮丹這個品牌的羽毛。」Kova 眼神中帶著一股不容妥協的堅持訴說著。

以品質為作為指標，咬牙堅持挺過食安風暴

作為台灣黑糖飲品專賣首創，在 60 多項產品中有 8 成皆與黑糖相關，而黑糖珍珠更是招牌與核心產品，因此，對於黑糖品質的把關成了珍煮丹最重視的環節之一。

從初創開始，便選擇親手翻炒黑糖確保其品質與口味；為了優化原物料，

更在 2018 年設立了食品級黑糖工廠,不僅在製造過程全無添加人工色素或化學添加物,更在每季都進行嚴苛檢測。珍煮丹所有飲品內使用之黑糖均為自家調配及生產,訴求讓消費食得安心,這也是為什麼能在一片黑糖飲品市場中展現突出的獨特風味之主因。

儘管對品質與產品形象一直有高度的掌握,在 2013 年的毒澱粉事件仍因為人心惶惶與輿論壓力,導致珍煮丹與整個飲料產業都遭受相當程度的打擊。眼看著日銷量硬生生減少了 8 成,當年珍煮丹創辦人夫妻 Kova、Roan 面臨食安危機風暴,便開始思索飲料業之外的出路,這也是為什麼後來堅持設立食品級黑糖工廠的原因,唯有從源頭才能做好把關。但,憶起自己成立珍煮丹的點點滴滴,再加上對品牌的信心,「我們的產品絕對沒有問題,一定可以撐過去。」Kova 與 Roan 扶持著彼此,咬著牙撐過這場食安風波,也再次證明好的產品禁得起時間與市場的考驗。

深耕十年才走向國際,以濃濃中國風訴說空間表情

每一步都踏得謹慎而實在的珍煮丹,終於在深耕長達 10 年的時間後,於台灣打響了知名度也站穩腳步,決定邁向國際之路。當時國外有許多代理主動邀約,光香港就有 6 ～ 7 組的代理商前來詢問,內部幾經討論最終於 2018 年在香港成立首間海外店;到了國外,珍煮丹亦不改對品質的堅持,飲品製作上大都採用在台灣使用的食材與機器,而考量到各地民眾的口味差異,在飲料品項及口味的調製上,則會研發適合當地消費者口味的品項,以提升飲品的接受度;此外,海外店鋪的負責人與員工,皆必須接受與台灣店相同嚴格的教育訓練,一切的一切都是為了確保海外的消費者能品嚐到好品質的飲料,以及相同的服務。

為了帶給消費者與其他飲料店不同的購物氛圍,珍煮丹在店面設計上也下足了工夫,什麼樣的素材能給人安心而溫暖的感覺?與設計師多番討論之下,決定以木頭為基底,其特有的溫潤形象與獨一無二的紋理,再搭配必備的中國風元素,成為店面的主視覺。然而為了帶給消費者更多元的視覺意象,在不同

珍煮丹主要經營商品為黑糖基底茶飲為主，
此分別為「黑糖珍珠奶茶」、「奧利珍」。
圖片提供＿珍煮丹

為了優化原物料，珍煮丹在 2018 年設立
了食品級黑糖工廠，不僅在製造過程全無
添加人工色素或化學添加物，更在每季都
進行嚴苛檢測。圖片提供＿珍煮丹

地區的珍煮丹，尤其是國外分店，亦嘗試依地方特色呈現不同的設計概念，期許站上國際之時能更與接地氣，同時也與年輕族群更靠近。

透過飲品讓不同的「溫度」傳遞、延續

珍惜所有顧客對珍煮丹的喜愛，在一路成長的同時，珍煮丹也冀望能透過店鋪活動，在營利之餘將珍煮丹的本心——「溫度」回饋給社會。在父親節與母親節等節慶時，透過在臉書粉專讓消費者有個能向父母訴說心底話的機會，並舉辦抽獎，利用 6 杯飲料與寫著中獎人內心話的客製化卡片，團隊會親手將滿滿的心意送到父母手中。

「一路走來，我們堅信著自己的初衷，信任珍煮丹團隊的所有人，並堅持將產品做到最好，才得以成就了今天的珍煮丹。」Kova 表示，未來將持續發揚品牌，讓更多消費者知曉並喜愛珍煮丹。

店鋪營運計畫表

品牌經營

品牌名稱	珍煮丹
成立年份	2010 年
成立發源地／首間店所在地	台灣台北／台北士林夜市（大北路）
成立資本額	不提供
年度營收	不提供
國內／海外家數佔比	台灣：35 家、海外：5 家
直營／加盟家數佔比	直營：8 家、加盟：27 家
加盟條件／限制	‧ 親自經營不接受投資者，須具備積極、服務熱忱、善於分享、影響力、冒險精神、自我反省、堅持、忍耐、誠信之特質 ‧ 初步書面審核後須經過 2～3 次面談方可確認
加盟金額	NT.328 萬元（包含所有生財器具、裝潢設備）
加盟福利	‧ 店面商圈保障完整營銷評估 ‧ 專精研發製作團隊研製口碑飲品 ‧ 系統化教育訓練流程高度優化門市經營能力 ‧ 專業行銷團隊支援加盟店行銷推廣

店面營運

店鋪面積／坪數	15 坪
平均客單價	約 NT.48 元／杯；客單價約為 NT.90 元
平均日銷杯數	不提供
平均日銷售額	不提供
總投資	不提供
店租成本	不提供
裝修成本	不提供
進貨成本	不提供
人事成本	約 NT.12 萬元
空間設計者／公司	容誠馭有限公司

商品設計

經營商品	黑糖基底茶飲
明星商品	黑糖珍珠鮮奶
隱藏商品	泰泰奶茶加仙草
亮眼成績單	盲測綜合評比第一名，芊芊鮮奶初上市即造成搶購熱銷

行銷活動

獨特行銷策略	· 父親／母親節臉書粉專留言抽獎，送禮送到家 · 微風南山限定菜單
異業合作策略	藉由 Cherng 馬來貘環保杯套吸引買氣

開店計畫 STEP

2008年 10月	2009年 10月	2012年 1月	2013年 1月	2014年 1月
開始籌備	開始營運	相關綜藝節目 採訪報導	增加黑糖相 關新品	第二家直營店 信義店開幕

2015年 9月	2016年 5月	2018年 8月	2019年 1月
開業 5 年，獲 利正式打平	開放加盟	海外第一站 正式開幕	首家百貨店進 駐微風 atré

日式簡約風，翻轉傳統蔬果汁印象
勇於創新的實驗精神，大玩漸層創意

文、整理／高子涵　資料暨圖片提供／花甜果室

敦南本店的屋簷較低，走入時需要微微欠身彎腰，創辦人童琳於是以此特點融入店鋪設計中，營造渾然天成的日式風格。圖片提供＿花甜果室

花甜果室

「花甜果室」誕生於 2015 年，有別於傳統果汁店的形式，將新鮮現打的果汁、果昔與冰沙飲品重新包裝，開創出健康、美感兼具的漸層飲品，創辦人童琳表示，「除了期待藉此推廣台灣在地蔬果到世界各地，更願意以富有溫度及彈性的交流方式，與消費者自然地分享及對話。」

Brand Data

自 2015 年創立開始,即掀起台灣飲品市場漸層炫風的熱潮,因其獨樹一幟的風格及內容,成為日本、香港以及韓國……等地的觀光客,來旅行時指定品嚐的台灣在地蔬果汁,並被國內外各大媒體譽為「台灣果汁界的星巴克」、「台灣漸層果汁始祖」、「文青最愛飲品」、「令人少女心大噴發飲料選單」等。

「台灣雖然擁有『水果王國』的美名,但記憶中的果汁店,大多出現在夜市或傳統市場中,以攤車販售的形式為主;再加上,我們從小都被灌輸多吃蔬菜水果有益身體健康的觀念,卻鮮少看到新鮮且有益身心的飲品選擇。」談及創業初衷,童琳藉由自身經驗觀察,發現市面上缺乏美感及內容兼具的果汁店,並決心以此為目標,開啟創業篇章。

開店的起心動念不僅只對市場的留心,也來自於對自我的追求,童琳解釋,「年輕世代對世界都有一種理想的憧憬及期待,代表自我對生活的追求、對美的感知、對世界與自身的理解、對未來的期待,以及那些伴隨著生命成長而不時冒出的徬徨與追尋。」創立品牌的過程,某種程度也像是在跟自己的生命經驗對話,因就自身的深刻投入,相信能創造出與其他飲品的鮮明差異,期待吸引更多共鳴者,並建立出深厚的認同感。

克服心魔忠於自我,營造品牌獨特風格

談及創業挫折,最難以克服的是自己的心魔,「創立品牌的過程,每天都在思索、判斷與迅速做出各種決定;需要適應市場的快速變化,決定如何傳遞品牌理念、創新產品以及管理經營……等。」她強調,正因為需要不斷地進行

決策，每個決定又關乎重大、影響至深，堅持「內在真實聲音」顯得更加困難，「我總是時時自我提醒，對自己絕對要非常誠實，哪怕只是決定非常微小的一件事情，也要保持清透思考。」她也進一步分享，面對重大決策時常會藉由獨居數天、跑步保持與自我的對話，並透過寫日記的方式，記錄、釐清問題，以思考解決之道。

堅持自我信念，花甜果室成功營造獨特風格，不論是飲品內容或設計包裝皆深獲年輕族群喜愛。童琳分享飲品研發過程，「我們選用新鮮蔬果，開發果汁、果昔及冰沙等系列飲品，與市場上的茶飲、咖啡店做出區隔，希望提供消費者在日常飲食上的不同選擇。」秉持為原物料把關的嚴謹精神，花甜果室持續推陳出新，成功開發出各式具實驗精神的經典飲品，以「芭比情歸何處」為例，便是一款由莓果混合燕麥的漸層果昔，提供美味與健康之餘，也大玩顏色創意，為商品注入夢幻感受，也因為其十足的飽足感，成為許多上班族的代餐選擇；此外，「她，與他的香水味」、「星空藍莓冰果樂」、「念念戀戀」、「莓果桃花運茶」與「初戀百香檸樂」……等飲品，從命名、口味設計到視覺呈現都別具用心，各有鐵粉支持，原創又趣味十足的飲品內容，深受年輕族群青睞。

顧客回饋納入考量，強調設計因地制宜

除了對飲品內容的創新堅持，花甜果室大量運用花卉、植物、蔬果、詩篇以及日式繪畫……等元素於設計之中，並以簡約且富含趣味作為設計方向，再創自我特色，童琳說，「我們會集結眾多網友定義花甜果室的詞彙，依此決定設計輪廓，其中包括單純優雅、詩意、土地情懷以及夢想…等。」將蒐集而來的顧客評論作為重要的設計方向，除了加深品牌與顧客之間的連結，也創造出獨一無二的品牌形象。

此外，設計方向影響著店鋪的最終呈現，童琳表示，「一家店的氛圍如何掌控，因地制宜相當重要。」她進一步說明，最初在設定店鋪調性時，是規劃成歐洲風格的復古小店，實地勘察店鋪環境條件後，才改以京都咖啡小店的風

花甜果室的敦南本鋪，以大量的花藝妝點提升整體視覺溫度，希望顧客來此能感染到清新、放鬆的氛圍。
圖片提供＿花甜果室

創辦人童琳認為在創業過程中，傾聽內在真實聲音相當重要，並肯定自我一路以來的堅持，得以成功塑
造出獨一無二的品牌風格。圖片提供＿花甜果室

格形塑氛圍，「敦南本鋪擁有可愛的低矮屋簷，只要是身高 175cm 以上的人，走進去時都需要微微低頭，我直覺認為這樣的門寬屋簷，非常適合日式風格的店鋪設計。」正因重視店鋪與環境之間的關係，當機立斷改變最初設計方向，最終以日系視覺作為品牌風格，完成接下來的設計，「我認為店家所代表的風格很重要，唯有擁有風格，才不會被市場淹沒，也才是未來的識別趨勢。」

重視「有感」服務，提高顧客回購率

回歸服務層面討論，童琳認為，從事餐飲服務業，必須對任何事情都要「有感」，特別是與顧客服務交流的當下，「抽象的『有感』，無法靠標準流程加以規範與教育，許多優質的服務都來自員工對於『感同身受』的自覺；這種自覺，不該只存在少數主管或經理人心中，而是必須存在於每位站於前線的員工心中。」童琳說，比起工作經歷，她更重視人格特質，依循對每個員工的理解，給予合適的教育訓練及幫助。

此外，她也強調，「提供員工適度的決策空間，能提升對工作的責任感，

花甜果室除了位於台北東區的敦南本鋪以外，高雄駁二棧貳庫店也於 2018 年開幕，甫剛開幕即受到南台灣的「花甜迷」熱烈歡迎。圖片提供＿花甜果室

花甜果室用心設計飲品,此款「她,與他的香水味」融合火龍果、蘋果、手感優格、蜂蜜以及蜜椰絲,不僅造型吸睛,口感層次也相當豐富。圖片提供_花甜果室

進而自動自發完成每個大小任務。」建立員工間的信任關係,能夠創造更好的服務品質及工作效率,進而帶給顧客美好的消費體驗,同時開發新客,亦穩固老顧客的回購率。

展店步調穩健,期許成為在地蔬果汁指標

談及未來發展,童琳表示,目前除了位於台北東區的敦南本鋪外,2018 年也於高雄開幕第 2 間直營店,今年也確定將於台中展店,服務中、南台灣的「花甜粉」;在加盟的經營策略上,童琳認為,「今年會首度開放限量加盟,在能有效掌握品牌專業度、口感穩定度、形象風格度的前提下,找尋對品牌有高度認同及對創業有興趣的合作夥伴,協助其完成創業之路。」

強調不會為衝高營業額迅速開放加盟,而是堅持品質、持續創新,以穩紮穩打的腳步向外發展;在拓展海外市場方面,童琳回應,「其實陸續都有收到許多國家詢問海外代理權,目前則都還在洽談階段,最終目標仍希望將花甜果室的品牌精神與創意健康飲品帶到世界各地。」除此之外,花甜果室也將陸續造訪本土蔬果產地,著手開發多樣化的伴手禮品,帶給消費者更多豐富有趣的消費體驗之餘,也期許品牌成為生活感濃厚的在地蔬果汁指標。

店鋪營運計畫表

品牌經營

品牌名稱	花甜果室
成立年份	2015 年
成立發源地／首間店所在地	台灣台北／台北市
成立資本額	不提供
年度營收	不提供
國內／海外家數佔比	2019 年預計達國內：5 家；海外：3 家
直營／加盟家數佔比	不提供
加盟條件／限制	・曾至花甜果室消費過，並對花甜果室品牌精神、經營模式及形象產品具有認同度 ・加盟者必須為經營者，接受總部教育訓練，且通過專業測試 ・對餐飲業有興趣並對服務有基本認知，具有管理能力者優先。 ・自備金額 NT.160 ～ 200 萬元以上（含投資金及營運週轉金） ・了解連鎖加盟制度的精神與意義，以團隊秩序為重
加盟金額	可來信詢問
加盟福利	可來信詢問

店面營運

店鋪面積／坪數	7 ～ 12 坪
平均客單價	約 NT.90 元／杯
平均日銷杯數	約 200 ～ 350 杯／天，視季節及淡旺季而有不同
平均日銷售額	NT.18,000 ～ 35,000 元，視季節及淡旺季而有不同
總投資	NT.200 萬元
店租成本	NT.130,000 ～ 160,000 元
裝修成本	設計與裝修 NT.60 萬元；設備費用 NT.50 萬元
進貨成本	不提供
人事成本	不提供
空間設計者／公司	花甜果室有限公司

商品設計

經營商品	新鮮現製的天然果汁、奶昔、冰沙、果茶與日式冰品
明星商品	芭比情歸何處、念念戀戀、米開朗基羅的繆思
隱藏商品	無
亮眼成績單	「芭比情歸何處」年銷售 20 萬杯

行銷活動

獨特行銷策略	花甜果室年度限量吉祥徽章，可享全年品牌優惠：全年消費全品項 95 折、季節新品免費搶先飲、每月 4 號「花甜品牌日」全品項買 1 送 1、7 月品牌生日月享獨家優惠活動、親親獨享生日禮 1 份、12 月歲末品牌禮 1 份
異業合作策略	與各產業質感品牌推出聯名飲品，如義大利品牌 Salvatore Ferragamo 香水、日本生活雜貨 niko and…、台灣知名插畫家 DOROTHY、台灣女性潮品 FRUITION 等

開店計畫 STEP

2015年 3月
開始籌備

2015年 7月
台北東區敦南本鋪正式開幕

2015年 9月
以創意行銷手法維持市場熱度

2015年 12月
面臨季節轉變開發新品因應市場需求

2016年 3-5月
開店 1 年即達損益兩平、快速回本與獲利。有「果汁界星巴克」美稱，成為打卡熱點。

2017年
成外國旅客來台必喝飲品；聯名提高知名度。

2018年 3月
高雄駁二棧貳庫店直營店開幕；開放海外代理、進軍香港。

2019年 1-3月
開放台灣加盟；規劃品牌購物官網。陸續展店台中；拜訪台灣蔬果產地，開發多樣伴手禮

同中求異、美學橫亙，蹦跳餐飲商空無垠藍海
回歸創業初心，實踐品牌築夢之路

文／李奕霆　攝影／Amily　資料暨圖片提供／RABBIT RABBIT TEA 兔子兔子茶飲專賣店

RABBIT RABBIT TEA 兔子兔子茶飲專賣店執行長方奕勝。攝影__ Amily

RABBIT RABBIT TEA
兔子兔子茶飲專賣店

由美式餐廳發跡、轉而跨足手搖飲事業的「RABBIT RABBIT TEA 兔子兔子茶飲專賣店」，透過將異國美學導入產品及空間設計的歧異性策略，成功在發展日漸白熱化的市場中脫穎而出，樹立品牌創新典範；近期甚至成立設計公司，持續懷抱多角化經營的豐沛能量，於餐飲商空的未知藍海中競逐一席之地。

Brand Data

自 2015 年成立以來，藉其品牌嶄新的研發力與設計力，無論在商品外觀、包裝造型或空間視覺上，皆一次次地於市場中引發熱議，備受各界關注；同時亦堅守產品品質及服務，以世界精選茶葉、高度客製化流程，致力提供消費者美感與風味兼具的優質茶飲。

時光拉回 2009 年，年紀僅 24 歲的 RABBITRABBIT TEA 兔子兔子茶飲專賣店（以下簡稱兔子兔子）執行長方奕勝，在台北東區創立了首家同名美式餐廳；短短 3 年內即迅速展店至 4 間，後來甚至對外開放加盟，現則成功轉型早午餐專門店。2015 年，兔子兔子正式進軍手搖飲市場，陸續插旗美國加州、香港等地，亦正籌備前往紐約、夏威夷、多倫多，以及日本、澳洲與東南亞各大城市拓點，布局廣闊；直至今年，再度推出最新 2 代店，創新腳步之快，恰呼應了其品牌名稱動如脫兔之意象與野心。

觀測消費風向，精準切入市場缺口

談及創業契機，方奕勝回應，學生時代便曾在廚房打工，逐漸對餐飲產生興趣；再者平時就喜愛蒐集室內裝修、設計相關資訊，同時涉獵 CIS 企業識別等品牌、平面設計，綜合上述種種，遂期盼有朝一日能夠具體實現開店夢想。

不過，又是如何進一步跨足手搖飲版圖？原來方奕勝得力當年美式餐飲品牌開放加盟的經驗，因緣際會接觸了加盟產業，促使他思考，「還有哪些行業可按此模式拓展？」他發現，和餐廳須建立較繁複的 SOP 相比，手搖飲門檻較低，其管理之建構也相對方便快速；再加上 2015 年，市場上仍未有從

LOGO、產品、包材到店鋪皆具完整一致性的新興品牌出現，大致上離不開日式禪風與中國新古典風的形制，所以設計的差異化或許是潛力切入點，便決定由散發異國質感的氛圍營造著手，作出品牌區隔。

以主力商品「世界珍珠奶茶」為例，即提供上品金萱、黃金韃靼蕎麥、翠芽青茶、八號翡翠綠茶、蜜香紅烏龍茶、錫蘭紅茶、格雷伯爵紅茶、藍色淑女伯爵、泰式茶葉等，來自台灣本土、越南、印度、斯里蘭卡、泰國之9款精選茶葉，變幻出日式、英式、義式、泰式等多重風味。另一方面，也透過別於他牌較不常見的黑、黃主配色，來形塑空間及包裝視覺的沉穩貴氣，並延續過去美式餐廳大量使用的兔子元素，快速串聯、強化品牌形象。

行銷策略上，兔子兔子在最初就明確鎖定年輕族群，因此店內除固定式菜單外，亦不定期研發強調外觀的季節限定商品，吸引顧客嘗鮮。方奕勝也觀察，在競爭激烈的手搖飲市場中，單打獨鬥必然艱辛，所以在跨界聯名於業界尚不普及時，兔子兔子很早便積極向外尋求異業結合的可能，例如2015年品牌成立還未滿半年，即推出「愛麗絲夢遊仙境限量杯裝」，隔年繼續與日本知名漫畫《抓狂一族》合作，成功引發熱烈討論，連動銷售成長。

吸引多元客群，品牌設計破繭躍進

然而，就在品牌的經營與發展漸趨成熟之際，方奕勝不禁開始思索，該如何於維護基本盤的同時，擴增其客群年齡層的廣度；於是循此脈絡發想，兔子兔子2代店於焉而生。其中，為了與1代店新穎潮流的調性形成歧異化，並提升民眾普遍的接受度，2代店特別採用揉合了東西方意涵的拼貼手法來詮釋，如點餐區置入仿古老洋行的格窗櫃台，仰賴工法細緻的典雅造型及線條，傳達隱隱親切感，與一旁示意性的綠色磁磚貼皮共演懷舊氣氛。

色調選擇則盡量維持以黑、黃色為主的品牌識別，但為避免整體視覺顯得過於現代搶眼，遂將黃色改為沉穩的霧金，並隨機轉化成窗花紋飾呈現，既能達低調奢華的中性質感，又與原始的黃色有所連結。另外，也針對門面的柱狀結構

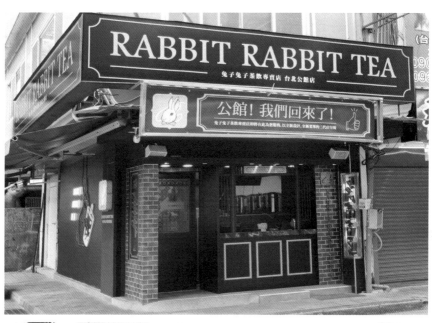

2 代店（上圖）的整體視覺主打典雅內斂，與 1 代店（下圖）所訴求的簡約時尚形成兩相對照；然而彼此雖看似獨立，卻又能於色彩、材質等各細節處相互呼應，形塑串聯整合的品牌形象。攝影＿Amily+ 圖片提供＿RABBIT RABBIT TEA 兔子兔子茶飲專賣店

進行部分挖空，填入品牌杯裝、輔以透明材質，堆疊出別具巧思的趣味陳設。

　　然而，兔子兔子始終不忘其獨富實驗精神與創意玩心的品牌本質，即便 2 代店的總體設計訴求內斂溫婉，卻還是大膽地在外側牆面妝點巨型霓虹燈飾，藉由兔子手拿珍奶的簡單意象，表述直接鮮明的衝突美學，為熱鬧街角製造亮點，不僅引起行人好奇佇足，亦供消費者拍照打卡。

整合團隊優勢，邁入多角專業經營

　　近來，擁有豐富創業經歷的方奕勝，也借重兔子兔子編制內的團隊，成立了「兔子很有錢裝潢工程有限公司」，擔任餐飲品牌顧問，提供從 CIS 企業識別設計、空間規劃到裝修工程等一站式服務。當被問及其原因，他解釋團隊

兔子兔子 2 代店以專屬的霧金色呈現窗花圖騰紋飾，以及牆上獨富童趣的緞帶圖樣，營造出特有的低調奢華質感。攝影＿ Amily

兔子兔子 2 代店的柱狀結構採部分挖空，並填入堆疊杯裝、於表面覆上透明材質，形成妙趣橫生的陳設裝置。攝影＿ Amily

兔子兔子不定期推出季節限定飲品，此為添加了濃郁黑糖珍珠的「布朗珠珠黑糖鮮乳」。圖片提供 RABBIT RABBIT TEA 兔子兔子茶飲專賣店

店鋪外側立牆以巨型霓虹燈為尋常街景增添醒目裝飾，吸引行人好奇上前。攝影＿Amily

對於商空設計其實一直懷有源源不絕的點子，但苦於不太可能完全跳脫原本框架，一味替自家品牌導入全新模式，因此經由協助他人，才能真正擁有將想法徹底落實的機會。

也正因為如此，兔子兔子的加盟者並不受制式的格局所限，不論是小巧精緻、僅 5 坪大小的街邊店，甚或是附設 30 坪客席區的挑高雙層店型皆可操作；惟小空間在前、後場的安排上較缺乏彈性，其點餐區與茶飲製備區必須劃設在同一格局之中，並搭載層架或隱藏式層板使用，靈活擴充收納坪效。

對此，方奕勝補充，理想的狀態下，店鋪基地寬應至少 3 米 5 ～ 4 米、深 6 米以上，其內部才能有較妥善的格局分配；此外，須特別留心替主要出入走道預留約 90cm 的動線寬度，利於日後硬體設備的維修替換，萬不可在設備進駐後便將其封死，衍生搬運上的麻煩；搖茶吧台等大型設備的挑選，也應盡量以組合式為主，方便現場組裝、拆卸，否則一體成形式吧台可能長達 2 米 5 ～ 3 米，容易產生進得來卻出不去的窘境。

由此延伸至選點思維，方奕勝建議，考量手搖飲對消費者而言，屬於重視取得是否便利的附帶式餐飲，又其性質較平易近人，不妨以小吃密集度高的區域為首選。他亦提醒，有志創業者在面對商空設計時，須避免套用由實用出發的住宅規劃思維；畢竟對商空來說，座落位置尤其重要，加上好的店面可遇不可求，實務上往往必須取捨，僅能以地點優先，後續再師法設計盡可能補足先天機能上的缺失，成就出面面俱到的魅力店鋪。

店鋪營運計畫表

品牌經營

品牌名稱	RABBIT RABBIT TEA 兔子兔子茶飲專賣店
成立年份	2015 年
成立發源地／首間店所在地	台灣台北市／台灣台北市中正區（公館）
成立資本額	NT.200 萬元
年度營收	NT.1,500 萬元
國內／海外家數佔比	台灣：11 家、海外：2 家
直營／加盟家數佔比	直營：1 家、加盟：10 家、海外代理：2 家
加盟條件／限制	·加盟者須為創業資金充足、具良好信用紀錄、對餐飲業保有高度熱忱及對創業懷有超高企圖心者 ·營業項目：茶飲、鮮奶茶；人力需求：3～6 位；合約年限：3 年 ·訓練實習：加盟主親自學習，並派遣至少 3 名以上人員至受訓分店培訓，時數達 225 小時、1 天 7 小時作業學習，每週排定休假日，未通過考核者需延長學習時間
加盟金額	NT.135 萬元起，不含原料費用
加盟福利	完整教育訓練、開幕部分物料贊助，各店自發性行銷活動由總部協助設計、規劃、宣傳

店面營運

店鋪面積／坪數	平均 10～15 坪
平均客單價	NT.48 元／杯
平均日銷杯數	約 600 杯
平均日銷售額	約 NT.28,800 元
總投資	NT.135～180 萬元起
店租成本	NT.10～20 萬元／每月
裝修成本	設計裝修 NT.50～70 萬元；設備費用 NT.50～70 萬元
進貨成本	約 NT.30 萬元
人事成本	NT.72,000～8 萬元
空間設計者／公司	對厝室內設計、兔子很有錢裝潢工程有限公司

經營商品	精選茶品、珍珠奶茶、世界鮮奶茶、纖果特調
明星商品	蕎麥青茶、上品金萱茶、英式格雷伯爵茶、英式格雷伯爵鮮奶茶、藍色淑女伯爵鮮奶茶、日式蕎麥鮮奶茶、金萱鮮奶茶、兔子經典水果茶
隱藏商品	無
亮眼成績單	英式格雷伯爵鮮奶茶台灣門市年銷約 73,000 杯；上品金萱茶台灣門市年銷約 67,000 杯

行銷活動

獨特行銷策略	·門市開幕慶：鮮奶茶買 1 送 1 ·門市自發性活動：買 3 送 1、第 2 杯半價……等 ·外送滿 10 送 1 ·集點活動：消費 NT.35 元即可蓋章 1 點，集滿 10 點即享 NT.25 元折扣優惠 ·不定時促銷活動及推出季節與節慶限定飲品
異業合作策略	2015 年「愛麗絲夢遊仙境限量杯裝」、2016 年《抓狂一族》聯名計畫……等

開店計畫 STEP

2009年 7月
成立「RABBIT RABBIT 兔子兔子美式餐廳」

2014年 6月
首創美式餐廳品牌加盟，開啟兔子兔子體系加盟創業指導之新興市場

2015年 8月
成立「RABBIT RABBIT TEA 兔子兔子茶飲專賣店」

2018年 5月
成立 RABBIT RABBIT TEA 兔子兔子茶飲專賣店美國加州門市、香港銅鑼灣門市

2019年 1月
成立「RABBIT RABBIT CAFÉ 兔子兔子早午餐專門店」

2019年 2月
成立「RABBIT RABBIT TEA 兔子兔子茶飲專賣店之公館 2 代概念店」

原創「牧奶茶」，顛覆牛奶既定印象
多樣牛奶選擇、產地提供新鮮直送

十杯極致手作主打新鮮、多元的牛奶選擇，並將牧倉門的概念融入店鋪、輔以旋轉式設計，新意十足。攝影＿ Amily

文／高子涵 攝影／Amily 資料提供／十杯極致手作茶飲

十杯極致手作茶飲

創立於 2013 年，「十杯極致手作茶飲」創辦人李宏庭眼光獨到，觀察出市面上的飲料店雖然會提供多元茶種選擇，卻只使用口味單一的連鎖品牌牛奶，於是，將多樣化的牛奶選擇作為品牌最大特色，開始與台灣各地小農牧場接洽、合作，推出使用牧場直送新鮮牛奶的「牧奶茶」系列，成功在競爭激烈的手搖飲市場，打造出獨一無二的品牌地位。

Brand Data

嚴選百年茶裝茶葉，主打原創招牌牧奶茶，強調牧場直送純淨鮮乳，不計成本的帶給愛喝飲料的朋友最天然好喝的絕妙茶飲。

「市面上常見的連鎖手搖飲料店，多半注重飲料內容，沒有提供內用座位；有些較大的店，附座位、提供撲克牌與桌遊，氛圍好很適合朋友相聚，但飲料就不是重點。」李宏庭表示，自己相當喜歡和朋友到飲料店聚會聊天，卻發現兼顧飲料品質，又擁有舒服氛圍的飲料店少之有少，「當時和朋友也是在飲料店玩著撲克牌，聊到乾脆開間飲料店，用撲克牌的王牌黑桃 Spade 當作店名；如果我們把飲料做得好喝，又提供溫馨的座位，生意一定會很好。」有心無意的一句話，讓李宏庭開始認真思考自創品牌的可能，「Spade 是整副撲克牌裡面最好的牌，直翻中文『十杯』有著中文字方正的對稱美感，語意又可以直接跟飲料連結。」意外地欣賞朋友隨口說出的名字，讓李宏庭正式開啟自創品牌之路。

並非餐飲出身的李宏庭，在決心創業後便開始廣泛了解各種開店知識，其中，該選擇何種牛奶品牌讓他相當困擾，「計畫開店時，全台灣的飲料店只用光泉跟林鳳營 2 家品牌，我個人偏好光泉，但當時林鳳營的品牌形象更好。」於是，李宏庭公開在網路上徵詢各方意見，獲得出乎意料的回覆，除了原有 2 間主流品牌各有人喜歡外，更多人分享私心喜愛的小農鮮奶，「我想了想發現，為什麼 1 家飲料店只能用 1 種牛奶，不能有更多種選擇？那我是不是可以提供更多種牛奶，讓大家自行選澤自己喜歡的那一種呢？」雖然當下無法預估這樣的作法是否可行，李宏庭卻直覺發現這是能與其他品牌做出差異的一大特色，行動力十足的他，隔天就開始著手與全台小農牧場接洽。

不怕牛奶成本高，堅持初衷創造獨特賣點

　　「當時根本沒有人會找牧場牛奶接洽，對方也沒有經銷商，電話詢問是否可以配送時，不是得到傻眼的回應，就是說他們牧場牛奶成本很高，要開飲料店怕我承擔不起。」李宏庭分享前期與牧場聯繫上的困難，無法達成最初設定至少 10 幾種牛奶的目標，一來是因為沒有這麼多牧場可以配合，二來則是得從中挑選出牛奶的差異，最終，正式與 5 間牧場敲定合作，李宏庭笑著說，「現在很慶幸自己沒有挑到 10 幾間，因為牛奶的保存期限短，量要抓在剛好 1 週，不能叫多又不能太少，還得同時跟不同牧場叫貨。」牛奶成本高，保存期限較短，如何精準叫貨相當具挑戰性。

　　談到創業過程中的困難，李宏庭表示，做生意最大的挫折就是不賺錢，沒有

注重店鋪與當地區域之間的關係，十杯極致手作茶飲有計畫性在台北各大商圈逐步擴點，此為第 2 間直營門市，位於台北的公館商圈。攝影__ Amily

十杯極致手作茶飲創辦人李宏庭，強調喝飲料最重要還是開心，期待未來繼續提供幸福感十足的飲品給大家。攝影__ Amily

比不賺錢更大的挫折了，「經營初期沒有多餘的錢做行銷宣傳，怎麼在一開始讓大家願意嘗試也很困難。」他接著分享品牌最大的轉機點，「2015 年林鳳營事件爆發，突然間大家都開始關心牛奶源頭時，我們已經在這一塊比較有名氣。」李宏庭進一步說明，「現在幾乎所有飲料店都陸續跟小農牧場合作，而且都是我們挑選過的牧場，可以說跟小農牧場合作的風氣是我們帶動的。」除了肯定自我的經營策略外，李宏庭也強調塑造品牌獨特性的重要，「要讓消費者選擇你一定要有獨特性，必須有個非你不可的原因，不然的話喝什麼都一樣。」

穩固企業根基，策略性擴點計畫周全

以穩健的腳步經營品牌，李宏庭目前已在台北擁有 3 間直營店，「我自己是比較穩健的人，希望站穩每步再向前。」2013 年創立首店於新北市永和區，穩定經營 3、4 年後，相繼於公館及永康商圈擴點成功，未來也將有計畫地逐步擴張，目標希望能在各大商圈都能有 1 間店；他說明，好的店有辦法帶動區域發展，當優質店家進駐、經營成功後，自然會吸引其他品牌投資，進而創造逛街潮流，讓該區更熱鬧，「我的選點策略會嘗試找商圈中次一等級的街區，預計最好的狀況是在 B 級的地段做出 A 級的店。」

此外，李宏庭也分享人事管理原則，「我比較少外聘人員，負責教育訓練、品牌規劃的人都優先讓內部的人學習升遷。」強調要提供員工適性的發展空間，「學習對員工來說也是新鮮的，有時候工作內容並不一定符合他的天賦，對我們來說需花費較多時間輔導。」以企業角度出發，希望內部員工經由學習升遷，而非直接聘請專業人士的堅持並非優勢，但李宏庭仍鼓勵也樂見員工自主學習，期待藉此提升團隊的穩定性及向心力。

他表示，2016 年開始就陸續有許多人表達加盟意願，直到今年 1 月才正式開放對外加盟，就是希望讓內部組織更穩定。談及未來方向，李宏庭表示，「現階段最重要是把第 1 波加盟合作穩定下來，誠懇跟信用很重要，既然我們都開放加盟了，也有人願意來跟我們合作，我們就有義務好好輔導他們。」強調會

十杯極致手作茶飲提供好喝飲料以及溫馨的座位，即使平日午後，內用的人仍相當多。攝影＿ Amily

嚴謹挑選加盟夥伴，全力給予協助支援，讓加盟主最終能有所獲得最為重要。

此外，李宏庭也分享未來朝海外擴張的可能，「目前洽談比較深入的有日本，日本的牛奶其實也很有名，也已經著手尋找適合，也願意的合作的在地農家。」積極克服生鮮無法運送至海外的諸多限制，李宏庭表示自己也相當期待把十杯品牌帶至國外，同時，也因就每個國家的人情風俗皆有不同，會依照當地的需求進行品牌全面性的調整。

不忘創業初心，喝出飲料幸福感受

回歸服務核心，李宏庭表示，「飲料不是民生必需品，有時候就是買一個幸福感，如果你買飲料碰到服務態度很差的，那你買了一肚子怨氣，那杯飲料就真的沒意義。」強調服務要體貼、誠懇，在不影響員工自尊和其他客人公平權益的狀況下，願意盡可能滿足顧客的要求。

「我們不在乎翻桌率，甚至有客人從早待到晚，也提供插座，讓大家可以放鬆，店內氛圍也是希望熱鬧一點。」最後，李宏庭仍強調創業初衷，希望開1 間既能同時享受舒服氛圍，又提供優質飲品的店，因此，堅持每間門市都有座位、桌上型遊戲以及撲克牌，「奶茶本身就是一個歡樂的東西，應該帶來更多快樂，歡迎大家來享受內用座位，輕鬆喝飲料、聊天，無需拘束。」

店鋪營運計畫表

品牌經營

品牌名稱	十杯極致手作茶飲
成立年份	2013 年
成立發源地／首間店所在地	新北市永和區
成立資本額	NT.20 萬元
年度營收	NT.1,000 萬元以上／單店
國內／海外家數佔比	台灣：3 家、海外：0 家
直營／加盟家數佔比	直營：3 家、加盟：0 家
加盟條件／限制	歡迎欲加盟者洽詢
加盟金額	歡迎欲加盟者洽詢
加盟福利	歡迎欲加盟者洽詢

店面營運

店鋪面積／坪數	各店狀況不同
平均客單價	不提供
平均日銷杯數	不提供
平均日銷售額	不提供
總投資	不提供
店租成本	不提供
裝修成本	不提供
進貨成本	不提供
人事成本	不提供
空間設計者／公司	不提供

商品設計

經營商品	茶飲、奶茶
明星商品	牧奶茶
隱藏商品	混搭牧奶茶
亮眼成績單	近半消費者均選擇牧奶茶，成功打響臺灣小農牧場鮮乳名聲

行銷活動

獨特行銷策略	・領先趨勢，帶動在地小農牧場鮮乳的潮流 ・跳脫框架，不單有好喝牧奶茶可外帶，更可以於店內與三五好友在舒服的座位上開心相聚，甚至可以玩桌遊、看漫畫 ・為解決顧客牧奶茶選擇障礙，於永康店設置拉霸機，讓顧客轉到什麼牧場喝什麼！
異業合作策略	2017 年與致力於推出兼具資訊與娛樂性的數位內容的臺灣吧 Taiwan Bar 推出合作黑啤包裝

開店計畫 STEP

2012年	2013年	2016年	2017年	2018年 2月	2019年
發想產品及品牌文化，探尋優質原物料	正式開幕	單店月營收破百萬	公館 2 號店設立	永康 3 號店設立	正式開放加盟

融合在地特色食材，再現奢華古風
經典花杯美感十足，引領話題潮流

春芳號華美風格深受都會區上班族喜愛，台北台電大樓門市因為擁有寬敞門面，是目前唯一擁有內用座位的門市，店內設有簡易座位、免費插座，提供顧客短暫休憩空間。圖片提供＿春芳號

文／高子涵　圖片暨資料提供／春芳號

春芳號

2014 成立於台中，迄今邁入第 5 年的手搖飲品牌「春芳號」，以「一番好茶，滿面春風」作為核心標語出發，迅速展店全台。創辦人林峻丞因就自身對飲料的喜愛投入飲品研發，並與太太李冠璇聯手合作，將夫妻倆偏好的華麗復古風完美呈現，強調喝飲料不只是一種味蕾饗宴，更應該是一場美感體驗。

Brand Data

創立於 2014 年，以父親為名紀念，期許這是個具傳承意義、有情感又創新的品牌；透過選用台灣在地食材，包括地瓜以及紫薯等，開發創新飲品，並將華麗復古風格融入於整體設計之中，深受都會區上班族喜愛，成立 5 年已在全台開設 16 間門市，且預計今年將首度跨足海外。

「學生時期，幾乎每天早晚都要喝手搖飲料，甚至願意從國立中興大學騎車到逢甲商圈，30 分鐘的車程只為了買到 1 杯飲料。」林峻丞分享，創業的起心動念全來自對手搖飲料的依賴及痴狂，期待以實際行動回應求學階段對飲料的單純喜愛；自創品牌無法僅憑熱情，回歸現實層面討論，李冠璇表示：「過去在大型連鎖品牌擔任管理職，累積許多年的工作經驗，讓我有十足信心投入手搖飲產業能夠創造不同。」深厚的經營基礎，加上不想模仿市場既有形式的堅持，開啟夫妻倆的創業之路，李冠璇表示，選擇紮根台中，並非只是向青春致意：「台中作為手搖飲料的發源地，對飲料有高度堅持，如果台中人都可以肯定我們，台北、台南都不會是問題。」沒想到在異地創業並非想像中容易，在缺乏人脈、地緣的情況下，春芳號的經營初期格外辛苦，夫妻倆從零開始累積經驗，找尋契合團隊、篩選合宜廠商，一點一滴打造出春芳號現在的完整面貌。

「5 年前是沒有人把地瓜、紫薯放進飲料裡的，如果有加入地瓜或紫薯，一定是有來過春芳號。」談到品牌獨特之處，李冠璇充滿自信地分享，最初決心跨入飲料產業、思索品牌定位時，觀察出市場上還未出現以地瓜、紫薯作為基底原料的飲料，然而，其 2 項原料卻是相當具備台灣在地精神的重要食材，因此，林峻丞遂將對飲料的熱情投身產品開發中，多方尋找台灣在地食材作為品牌的核心商品，開始接洽原料供應商、投入產品研發。

提到創業以來的最大挫折，李冠璇表示，初期因為經驗不足，遇到缺乏誠信的廠商，提供庫存品或甚至劣質品，整間店的軟體、硬體幾乎皆換過一輪，過程中損失很大，卻也有意外收穫，她舉例說明，「蘆薈是台灣相當冷門的原料，也是春芳號目前賣的最好的系列，當初其實是原物料廠商硬把冷門庫存品塞給我們，只好想辦法在有限的材料創造創新口味。」正因為堅持信念、樂觀面對困難，危機最終得以化為獨特商機；林峻丞也補充：「研發配方沒有捷徑，從煮茶、糖度調整，乃至於所有原物料的添加，只能憑藉經驗一杯一杯嘗試、調整。」透過反覆測試，善用如蘆薈、地瓜以及紫薯……等平凡的原料，奠定了春芳號在手搖飲市場與眾不同的亮點特色。

「花」意十足，店鋪設計實用美感兼具

除了選用在地食材，增添飲品新意之外，起名「春芳」似乎也傳遞出鄉土情懷之美，談及取名由來，李冠璇解釋，看似典雅秀氣的「春芳」，其實是以公公名字命名，用以紀念親人之餘，也額外增加幾分溫度、蘊含祝福之意，同時，於字尾冠上「號」一詞，期許品牌能深耕市場、長遠流傳。

延伸「春芳」二字予人春風和煦的印象，夫妻倆結合華麗復古風格於設計中，並大量將「花的意象」落實於設計中，大至店鋪景觀呈現，小至周邊文宣商品，打造出風格一致的浪漫氛圍。李冠璇說明：「我們設定這是古代的飲料店，希望來訪客人能有穿越時空的復古感受，也會適時融合花牆設計，讓顧客像被花包圍一般，放鬆聊天、拍照。」除了避免使用帶有科技感的燈片，維持古早味之外，也在意細節，選以立面燙金的招牌增加造型，以及南方松木材鋪設地板增添氛圍，不惜成本將巧思心意完美呈現，才得以塑造出美感十足的品牌形象。

回歸實用層面討論，林峻丞分享：「多半手搖飲料店的吧台都是外露式，通常不是夏天就很熱，就是冬天很冷，所以我們希望設計團隊隔出一個小空間，讓員工可以在裡面有比較好的工作環境。」因此，除了出餐口設計成鏤空開放

春芳號將「花」的意象融入店鋪設計，期待顧客不只是喝杯飲料，也能同時體驗古代飲料店的風雅韻味。圖片提供_春芳號

之外，其餘吧台空間則以簡約的金邊窗框包覆，出於貼心的設計，意外地讓店鋪整體設計更完整精緻，此外，李冠璇也分享，「手搖飲料店的工作經常需要一人多工，接單、服務顧客以及做飲料等工作接續不停。」因此，她認為規劃出合宜動線相當重要，兼具美觀又能讓工作流暢順手，是手搖飲料店在規劃工作區域時最大的考量。

踏實經營品牌形象，強調體貼待客

全台目前共有 16 間春芳號門市，其中又以北部居多，且預計今年 5 月會在香港開出海外第一站，「正因為品牌使用至親的名字，我們希望他是能長久經營的，因此，不管是台灣的加盟主或海外代理商，我們皆會嚴格篩選，與有營運能力，且認同品牌理念的團隊合作，讓春芳號帶入不同地區、國家，深耕當地。」林峻丞表示，春芳號刻意放慢展店速度，透過溝通找志同道合之加盟者相當重要。談到擴店的經營術，李冠璇強調，「開店第一個月是關鍵，也是

春芳號善用在地食物，如地瓜、紫薯等原料，其中，紫薯珍珠鮮奶綠的獨特口味獲得許多好評。圖片提供＿春芳號

為完整呈現古代風味，春芳號選擇立體雕刻招牌，並選以質感配件點綴，細節處皆可見其用心。圖片提供＿春芳號

加盟主是最不安的時期，所以我們訓練出幾個有督導能力夥伴，透過現場支援給予實際指導，穩定店內狀況也及時解決問題。」她進一步分享，內部團隊是否和諧，會影響工作氛圍，最終顧客是會感覺到的；於內於外提供加盟主客製化地顧問服務，是為品牌形象把關且建立顧客信任的至要關鍵。

提及品牌的服務哲學，李冠璇分享，「秉持將貼心的服務標準化為是我們服務的核心原則；例如，在不同時間、情況提供合適問候，如果顧客在吃飽飯後光顧，我們就不會推薦地瓜、紫薯等較有飽足感之飲品；又如果，遇到媽媽帶著孩子，就會優先推薦適合小朋友喝的冬瓜茶或牛奶系列。」除了因應不同時間、情況主動親切地招呼顧客外，春芳號也會順應季節、區域，推出限定杯款及相關周邊商品，如資料夾、撲克牌、紅包袋及扇子……等，強調飲料不只著重內容，也能傳遞、形塑一種精神氛圍，透過推出多樣化商邊產品，不但能創造話題，亦能深化與顧客間的互動交流。

優化、開發商品，進軍海外展望未來

「優化現有飲品，同時研發新品滿足顧客需要，將是春芳號未來的方向。」李冠璇表示，除了希望將現有的特色飲料，如紫薯珍珠鮮奶綠、地瓜珍珠鮮奶茶以及玉荷青蘆薈蜜……等產品持續推廣出去之外，也會推出季節性商品著手市調、檢視銷量，藉此開發更多元的特色飲品。

她也分享，春芳號就像自己苦心經營的孩子，從品牌定位、產品開發，乃至風格設計皆堅持原創、親力親為地灌溉使其成長；除了肯定品牌的獨特性之外，也期許未來持續成長，將春芳號的華麗風格、美好滋味，分享至世界各地。

店鋪營運計畫表

品牌經營

品牌名稱	春芳號
成立年份	2014 年 6 月
成立發源地／首間店所在地	台灣台中市／創始店台中市大墩商圈；總店台中市火車站商圈
成立資本額	約 NT.1 千萬元
年度營收	NT.1 億元
國內／海外家數佔比	台灣：16 家、海外：0 家
直營／加盟家數佔比	不提供
加盟條件／限制	請洽總公司
加盟金額	請洽總公司
加盟福利	請洽總公司

店面營運

店鋪面積／坪數	10 坪以上
平均客單價	不提供
平均日銷杯數	不提供
平均日銷售額	不提供
總投資	不提供
店租成本	不提供
裝修成本	不提供
進貨成本	不提供
人事成本	不提供
空間設計者／公司	不提供

商品設計

經營商品	手搖茶飲
明星商品	玉荷青蘆薈蜜、地瓜珍珠鮮奶茶、冬瓜檸檬珍珠
隱藏商品	無
亮眼成績單	·全台灣最會賣蘆薈的手搖茶飲店 ·首創花花杯設計·茶飲界的星巴克

行銷活動

獨特行銷策略	·滿額贈送資料夾、春芳號設計小物·消費集點 ·打卡分享·依據節令更換商品與杯身
異業合作策略	·帶著春芳號去旅行－與旅行業異業結合·與時尚服飾異業結合

開店計畫 STEP

2013年 9月	2014年 6月	2016年 11月	2017年 2月	2018年 11月	
開始籌備	正式開幕	設立分店	開放加盟，首家加盟店開幕	跨足國際授權海外代理	

自由配隨你選，「裝」出飲料創意
現炒虎糖、天然原料，創好評口碑

日日裝茶店鋪散發濃厚日式氛圍，吧台選用南方松提升整體溫暖感受，斜橫交錯造型設計相當吸睛。攝影＿＿Amily

日日裝茶

曾經於手搖飲產業累積長達 10 幾年經驗，「日日裝茶」副總經理陳鈺宗憑藉自身對市場的了解，同具有飲品研發專業的友人共同創業，於 2016 年創立日日裝茶，將剉冰店可以自行選料的點子融入飲品設計，並強調天然配料，主打選用虎尾二砂糖以人工現炒方式帶出獨特焦香，建立品牌好評。

文／高子涵　攝影／Amily　圖片暨資料提供／日日裝茶

Brand Data

2016 年正式成立，堅持親手調製的原料點心，將日式手作與台灣獨有的手搖茶飲文化「裝」在一起，並將傳承至昭和時期的炒糖技術研發改良，主打帶有焦香卻不苦澀的「虎糖」系列茶飲，期待提供最自由的口感新體驗。

「手搖飲產業競爭激烈，但我覺得市場還是有的，端看怎麼定位及操作。」陳鈺宗分享，因為親身經歷過手搖飲剛起步的黃金時期，感受到當時想創業當老闆的人好多，各家品牌的展店度速度相當快，然而，卻也因為盲目投入，未能正確評估市場需求，多數店家最終以經營不善歇業收場；儘管距離當時已隔 10 幾年之久，手搖飲品牌的推陳出新也更加快速，陳鈺宗仍相信，市場還有發展空間，並時刻提醒自己以更嚴謹態度面對經營，「我們大概花了 7、8 個月的時間進行前期籌備，長時間的討論，就是希望可以更清楚確認品牌的整體方向。」

「一家飲料店推出的產品，就代表其品牌的定位。」陳鈺宗認為，現在時下的飲品花樣太多，把握、提升原本就有的配料品質更為重要。於是，在商品研發上，採納擁有豐富研發經驗的創業友人的建議，選用虎尾二砂糖與市面上常見的蔗糖做出區隔，並堅持每天人工現炒，讓飲料的甜味多了焦香氣卻不苦澀，最後，依照糖的產地命名「虎糖系列」，設計出品牌最大亮點。除了主打天然炒糖，日日裝茶也強調健康配料，包括手作布丁、芋頭、虎糖蜜製珍珠以及紅豆……等，在生產端嚴格把關，希望帶給顧客安心的消費體驗。

改良茶葉泡製過程，優化工作效率

談及創業過程中的挫折，陳鈺宗表示，「在商品研發方面，我們習慣聽取業界專業人士的建議，反覆調整研發方向。」為了精準抓到市場定位、確立品牌方向，團隊投入大量時間參與設計討論，是過程中比較辛苦的部分，他以紅茶舉例說明，有的茶種有香氣但沒有韻味，有些則相反，若跟單一廠商進貨，則很可能無法二者兼顧，因此選擇親自試茶、配茶，確保紅茶能有豐富層次，此外，為了解決泡好的茶在茶桶中放置過久，容易氧化變得苦澀的問題，他也與團隊研發瞬間降溫技術，讓泡好的茶葉停止發酵，保持口感一致。另外也設計美感十足的茶壺拉把連動內、外場，成功將煮茶區隱藏在後，讓店鋪造型更簡約時尚之餘，也減少繁瑣的工作步驟，製作飲料時，只需要下拉把手裝茶即可，「當初設計就是想用「裝茶」方式，改良茶葉泡製過程。」

周全的設計也充分體現於動線規劃中，陳鈺宗說，「先加料轉身後下糖、拉茶，最後加入冰塊，旁邊剛好直接封膜，把製作步驟納入一起規劃，確保動線更順暢。」飲料店的坪數不大，應精準掌握工作流程，使空間效益發揮至最大；此外，他也分享對設計的堅持，「吧台用的南方松，有白色跟綠色，當初找很多人幫忙測試，發現搭配灰色水泥牆，白色層次顯得單調沒有變化，反而是綠色層次就出來了。」不同的材質用料，會影響整個空間的質感，因就本身對設計的堅持，首次裝潢時花費許多時間溝通，最終才得以成功營造出層次感十足的日系店鋪氛圍。

面對競爭激烈的手搖飲市場，日日裝茶副總經理陳鈺宗表示，用心做好每杯飲料最重要，期待以口碑行銷方式厚實品牌形象。攝影＿ Amily

配合「裝茶」概念設計獨特的茶壺拉把，除了提升店鋪造型美感之外，也讓工作流程更方便。攝影＿Amily

傳統形式新包裝，積極發展海外市場

日日裝茶創立迄今 3 年，全台總共有 7 間門市，並逐步開拓海外市場，目前在越南、大陸北京皆已有門市，陳鈺宗表示，「日本、泰國也正積極洽談中，未來會繼續努力。」整個海外發展策略，會依據不同地區的口味及文化，進行飲品內容的調整，「越南的口味偏甜，珍珠奶茶、水果茶都相當受歡迎；北京則只賣 7、8 種品項，部分產品像奇亞籽當地就不太接受。」品質把關上，陳鈺宗則強調，基本原料必須皆來自台灣，口味才會一致，品質也才能把握，「台灣烘茶技術相當成熟，茶葉堅持要從台灣進口，生鮮或水果會斟酌與當地配合。」

「日日裝茶，顧名思義就是希望客人裝出自己的個性。」融入傳統剉冰店自行選料的形式，除了讓顧客可以直接看到原料，也鼓勵大家自行選料、搭配，讓買飲料多了趣味，創造十足的互動感。「曾經遇到一位很有趣的客人，他選鐵觀音奶茶，配上 OREO 巧克力、黑芝麻奶酪，整杯黑黑的看起來有點恐怖，結果我照著他的比例做了 1 杯，還真的滿好喝。」自由配能讓顧客發揮無限創意、玩出百變風味，完美展現出飲料的獨特魅力，希望未來也將能將這項傳統形式以新風格包裝，帶給更多海外朋友。

結合傳統剉冰店自由配的模式，讓顧客可以依照各自喜好選茶、加料，展現飲料的多元變化，趣味性十足。攝影＿Amily

日日裝茶主打的「虎糖系列」，堅持使用天然原料，甜中帶點焦香卻不苦澀，是為招牌明星選品。圖片提供＿日日裝茶

口耳相傳建口碑，厚植實力迎未來

　　善用過去深耕手搖飲料產業的經驗及人脈，再度投身創業行列，陳鈺宗認為做好品牌本份之餘，也應該善待加盟夥伴，「如果跟加盟主合作卻沒有讓他們賺錢，那只是虛的，因為收得也快，品牌沒辦法推往國際發展。」要讓加盟主願意投資一定要先把自己的品牌做好，飲品、風格到位才能慢慢擴點，「未來行銷的方向還是偏向穩穩經營。」不打行銷廣告，陳鈺宗會更專注於提供優質飲品，以口耳相傳的方式塑造品牌形象，厚植根基迎戰更長遠的未來。

店鋪營運計畫表

品牌經營

品牌名稱	日日裝茶
成立年份	2016 年 5 月
成立發源地／首間店所在地	台灣台中／台灣台中市西區
成立資本額	約 NT.1 千萬元
年度營收	約 NT.1 千萬元
國內／海外家數佔比	台灣：7 家、海外：4 家
直營／加盟家數佔比	直營：2 家、加盟：5 家
加盟條件／限制	擁有正面積極的必勝決心，是經營者，而不是投資者
加盟金額	NT.180 萬元
加盟福利	含完整的教育訓練

店面營運

店鋪面積／坪數	10 坪
平均客單價	NT.59 元／杯
平均日銷杯數	約 300 杯
平均日銷售額	約 NT.50 萬元
總投資	不提供
店租成本	NT.8 萬元／月
裝修成本	不提供
進貨成本	不提供
人事成本	不提供
空間設計者／公司	陳嘉晉／禾拾拾室內設計

商品設計

經營商品	茶飲、奶茶、果汁
明星商品	虎糖珍珠醇奶茶、虎糖布丁（鮮）奶茶、日日水果茶
隱藏商品	煙花冰茄梅
亮眼成績單	虎糖珍珠醇奶茶，年銷約 1 萬 4 千杯

行銷活動

獨特行銷策略	與（辛普森家庭）異業結合並打卡抽獎活動
異業合作策略	與（辛普森家庭）異業結合，藉由杯套包裝吸引買氣

開店計畫 STEP

2015年 10月	2016年 5月	2016年 6月	2016年 7月	2017年 10月
開始籌備	總部正式開幕	台北南西店開幕	越南第一間店鋪開幕	大陸北京第一間店鋪開幕

連鎖早餐跨足手搖飲，催生市場新品牌
以茶為本，用紮實口感抓緊消費者的心

文／余佩樺　攝影／Amily　資料提供／康青龍人文茶飲

2 代店的精神意象不變，主要是加針對色溫上做調整，降低白、灰色系列改以原木元素去取代，整體變得更加溫馨、溫暖。攝影__Amily

康青龍人文茶飲

美而美餐飲連鎖國際企業集團旗下擁「思慕昔」雪花冰品牌外，更於 2014 成立於「康青龍人文茶飲」品牌，試圖從早餐跨向不同的餐飲領域。知道催生品牌不容易，雖擁有豐厚的連鎖餐飲經驗，仍堅持以茶為本，藉由穩紮穩打、一步一腳印方式，站穩國內市場。

Brand Data

2014 年成立，並隸屬於美而美
餐飲連鎖國際企業集團旗下。
2015 年開始開放加盟，「鄉村
包圍城市」的方式進行市場布
局，目前全台約有 80 間門市。

就與多數人一樣，一開始很難將美而美與手搖飲品牌康青龍人文茶飲（以下簡稱康青龍）劃上等號。不免好奇，為何會從連鎖早餐跨足手搖飲市場？美而美餐飲連鎖國際企業集團品牌營運部經理王映宇談到，「美而美是個已有 30 年歷史的連鎖加盟老品牌，不只品牌已發展很長一段時間，再加上觀察到年輕人是現在消費的主力，便開始構思創立新品牌的想法，除了與年輕客群對話，也賦予集團些許活力與朝氣。」

創立茶飲新品牌，增添些許活力與朝氣

於是在 2010 年便率先推出思慕昔雪花冰品牌，其推出後所帶來的話題與迴響，不僅替集團打了一劑強心針，也成為推出康青龍品牌的契機點。「由於思慕昔的首店設立於台北市永康商圈一帶，不僅對該區有特殊的情感，周邊康青龍街區（即永康街、青田街及龍泉街一帶）又別具人文氣息，除了有特色的茶館與咖啡廳外，也有一些風格選物小店林立，不僅以此作為品牌命名，另也希望店鋪能座落其中。」

最初，是將康青龍設定為座位店形式，入店坐下來喝杯茶、吃吃小點心……但實際評估環境後，發現到永康區店面租金較高，無法單靠茶飲收入來負荷房租，於是團隊們重新思考康青龍的品牌定位，最後將它改為街邊店、純外帶形式。品牌重新定位後，於 2014 年正式向大眾見面，首間店便設立在台北市長

2 代店除了加入原木意象，另在吧台設計上也納分展示概念，擺放一些鮮果、茶葉等裝飾品，提升消費之間的親近度。攝影＿＿Amily

安西路，該店址原為美而美，為了測試市場水溫，便重新做改裝，作為康青龍出發的第一站。

王映宇指出，集團知悉品牌從催生到經營是相當不容易的一件事，在擁有豐厚的連鎖餐飲經驗基石下，仍選擇穩紮穩打、一步一腳印方式，站穩國內市場。所以可以看康青龍選擇以茶為本，再從茶本身發展出一系列不同的飲品，如純茶系列、水果系列、奶茶系列……等，如此一來可以照顧到不同的客層族群，再者也用好茶飲讓客源持續回流。也因如此，在門市選址上輻射範圍也較廣，除了住辦混合區、大專院校學區外，科學園區也是選址鎖定的重點目標，「為了讓觸及客群更廣，便把茶飲客單價定在 NT.30 ～ 70 元之間，有高、有低，各種客源的需求與接受度均能照顧到。」

微調設計優化二代店，用視覺溫度吸引消費者上門

穩紮穩打的態度除了發揮在茶飲製作上，另在展店上也看到一些堅持。王映宇表示，進入市場時，康青龍屬新興品牌，為了足以應對日後加盟可能遇到的問題，集團選擇自行先開設直營店，並堅持走完一年四季（淡、旺季）後，隔年（2015 年）才正式開放加盟。「當時很多人笑我們傻，為什麼要這樣做呢？

但不實際走過一次，不會清楚過程中會遇到什麼困難與問題，也唯有走過，日後輔導時也才能給予最好的應授與協助。」

2015 年開放加盟後，康青龍採取「鄉村包圍城市」的方式進行市場布局，首批加盟主從台中、新竹、桃園做據點的設立，慢慢再往新北市、台北市等地做延展，「剛開始大家對於康青龍仍不熟悉，所以加盟主便從租金相對地的區域開始，初期經營上壓力也不會那麼大，隨時間逐漸累積，當加盟數約莫到了 30 ～ 40 家後，便開始集中在台北做密集性的發展。」王映宇解釋。

品牌成立至今約莫 5 年，這中間也不斷觀察市場消費變化與所需，做微幅的修正。就門市設計來說，最初的 1 代店是以阿里山雲霧繚繞作為設計意象，選以綠色、白色、灰色漸層方式來營造氛圍，但是，這樣的設計走了一段時間後發現到，整體色調偏冷，一旦到了冬天更無法引起人光顧的慾望。約莫在 2017 年年底到 2018 年時，推出了 2 代店，原本的精神意象不變，更加針對色溫上做修正，降低白、灰色系列改以原木元素去取代，整體變得更加溫暖，市場上也獲得不錯的評價。

每到季節轉換便會推出特殊杯款，此為今年春季所推出的春季杯，粉嫩色系相當討喜。攝影＿Amily

「粉紅佳人」是以荔枝、蔓越莓，共同創造出酸酸甜甜的滋味，是店內人氣商品之一。攝影＿Amily

人氣商品「格雷冰茶」以伯爵紅茶為基底，搭配新鮮水果，包含蘋果、柳橙與檸檬片，喝得到茶香與水果香。攝影＿ Amily

「雙芋奶茶」內不只有小芋圓，還含有新鮮芋頭泥，增加飲用時的多重口感。攝影＿ Amily

未來繼續深耕台灣市場，預計今年開始著墨海外市場

　　除了透過店型帶給市場新鮮感，團隊也透過設計持續在茶飲杯上做變化，不斷給予來客者飲用上的小驚喜。王映宇說，「每到節慶或季節轉換，便會推出一些時節限定杯款，像是 2018 年的秋天以桂花為主題，推出具素雅質感的杯款，過年則是推出團圓杯、金豬杯等，符合節慶議題，也希望大家買杯茶一起慶團圓，希望藉這一些小驚喜，帶給消費者不同印象，也進一步提升購買意願。」

　　目前，康青龍在台灣的家數約 80 家，採取直營、加盟並行模式，集團內擁有獨立中央工廠，也努力培養所屬的研發、物流供應鏈……等團隊，好提供加盟主更多的應援。談及海外計畫，王映宇表示，品牌推出後一直都有海外代理來進行洽談合作事宜，起初未快速投入海外市場，是希望先把台灣腳步站穩，而今品牌已發展進入第 5 個年頭，相關作業都成熟，預計今年會開始針對海外市場拓點部分加以著墨，先以亞洲鄰近國家為主，進而再走向歐美戰，逐步幅射出去讓更多人認識康青龍這個品牌。

店鋪營運計畫表

品牌經營

品牌名稱	康青龍人文茶飲
成立年份	2014 年
成立發源地／首間店所在地	不提供
成立資本額	不提供
年度營收	不提供
國內／海外家數佔比	不提供
直營／加盟家數佔比	不提供
加盟條件／限制	不提供
加盟金額	不提供
加盟福利	不提供

店面營運

店鋪面積／坪數	8～10 坪
平均客單價	NT.50 元
平均日銷杯數	不提供
平均日銷售額	不提供
總投資	不提供
店租成本	不提供
裝修成本	不提供
進貨成本	不提供
人事成本	不提供
空間設計者／公司	不提供

商品設計

經營商品	不提供
明星商品	不提供
隱藏商品	不提供
亮眼成績單	不提供

行銷活動

獨特行銷策略	小新電影、2018 國宴指定手搖茶飲品牌

開店計畫 STEP

2014年
開創首家直
營店

2015年
開放加盟，以鄉村包
圍城市佈局，至今累
積展店共 80 家

2019年
開放海外加盟
及代理

把健康、新鮮概念帶入手搖飲世界
相中市場缺口，靠差異化再迸出其他可能

文／余佩樺　攝影／Peggy　資料提供／希望創造事業股份有限公司

「Mr.Wish 鮮果茶玩家」成立於 2007 年，以健康外帶手搖飲起家，將新鮮水果加入茶飲中。
攝影＿ Amily

Mr.Wish 鮮果茶玩家

1997 年即投入茶飲市場，約莫在投入 10 年後，動起轉型念頭，加上當時的茶飲市場缺乏「天然健康」的概念飲品，便興起「何不以水果入茶」的念頭，而後便與團隊於 2007 年成立了「Mr.Wish 鮮果茶玩家」，以健康外帶手搖飲進軍市場，提供國人手搖飲新的選擇。

Brand Data

2007 年成立，以健康外帶手搖飲起家，將新鮮水果加入茶飲中，目前在台灣有 70 多家分店，在大陸有 30 多家分店，美國有近 10 家店，越南有 2 家店。2018 年同樣以新鮮水果作為延伸，再推出「WISH：Drink 果茶專業」與「切切果鮮果切吧」兩項品牌。

發跡於台中逢甲商圈的 Mr.Wish 鮮果茶玩家，品牌創立至今約 12 個年頭，當時的社會環境，對於訴求天然健康飲品的觀念尚未成熟，相中這市場缺口，便將健康、新鮮、現調等概念帶入手搖飲世界，替市場帶來新意也提供國人不一樣的飲品選擇。

問及品牌成立的契機？希望創造事業股份有限公司總經理曾信傑回憶，1997 年投入茶飲市場至今約 20 年，在未成立 Mr.Wish 鮮果茶玩家之前，經營方式無他，也是採用濃縮糖漿調製出相關的飲品。曾信傑清楚深知這樣的飲品對身體有所影響，於是在投入約 10 年後動起轉型念頭，與團隊把全台灣知名的手搖飲均喝過一輪後，發現到市場缺乏「天然健康」的概念飲品，再加上自己與團隊對於水果也很喜愛，便興起「何不以水果入茶」的念頭，把新鮮水果與茶飲結合，找到品牌定位也與市場做出差異。

食安問題連環爆，更加確立堅持「健康、新鮮」的信念

曾信傑形容，「當時在逢甲商圈成立第一間門市時，正因市場上幾乎沒有將水果導入茶飲的飲品，這樣獨特性的確讓消費者在短時間內認識並注意到我們。」

品牌被看見了，但仍還有挑戰等著曾信傑解決。原來當品嚐過以濃縮糖漿調製而成的飲品後，再面對水果入茶後口感的不習慣，是需要花時間重新與民眾做溝通的，就曾有客人向曾信傑反應，「人家的飲料都這麼香、這麼甜、這麼好喝，為什麼你們家的味道卻清清淡淡的？」這樣的反應讓曾信傑不知該如何向民眾一一解釋，「但，這真的是源自於果汁清香的滋味啊……」

　　縱然知道選擇健康、新鮮是走在對的道路上，但曾幾何時曾信傑的內心也曾出現過拉距，「選擇開店便是希望能獲利，選擇走回頭路，獲利問題即能得到解決，但另一方面也是在犧牲未來……」

　　品牌推出的頭幾年，曾信傑與團隊著實花了好長一段時間在教育消費者，不過隨著台灣出現一連串的食安問題後，這使得他更加確信，當初堅持的方向是對的。先是 2011 年的塑化劑事件傷及飲料商品，而後又有所謂的黑心油事件，各式各樣層出不窮的食品安全漏洞，促使消費者對於食安問題的重視，對於手搖飲的成份來源、製成方式……等，民眾變得更加要求與重視。「隨消費者逐漸知悉健康茶飲的觀念後，慢慢地也就被大家接受與認同了。」曾信傑補充著。

「WISH：Drink 果茶專業」店以純白色的陽光果子廚房為設計，訴求透明、開放，讓安心看得見。攝影＿ Peggy

「切切果鮮果切吧」店裝以黃色為基調,增添空間 Fresh 與活力感;其中更增加臭氧殺菌設備,把水果的新鮮帶給消費者。攝影＿Peggy

希望創造事業股份有限公司總經理曾信傑。
攝影＿Peggy

著眼小細節，展現堅持品質的心

　　既然選擇走健康、新鮮概念，在材料選用上便馬乎不得。正因是以水果茶的飲品為主，水果選用上曾信傑有一套的堅持，「水果因產季、產地，人為種植等因素略有不同，再更進一步探究，就算是同一水果又能因面山、背山，面陽、背陽，又略有差異。」曾信傑不諱言，曾因為水果中出現一些微小變化，便整批全以退貨處理，農夫因為這樣不願意再賣水果給他，「雖然只是一點微小變化，但口味真有明顯差異……」

　　除了水果，茶葉品質到製作方式，曾信傑一樣謹慎對待。像是針對自家所使用的高山茶，便與茶農一起研究出獨特工法，將中海拔產地的茶葉，做到像是高海拔產區茶葉的口感般，這工法還曾獲獎肯定，「無論茶、水果都是Mr.Wish 的重要核心，從小地方加以堅持，為的就是把好品質帶給消費者。」

讓飲品順利從台灣布局到海外市場

　　目前 Mr.Wish 鮮果茶玩家採直營、加盟方式並行，另外也透過技術轉移、品牌授權代理的方式，在大陸、越南、美國等地開設分店。

將水果結合茶飲，此為「桔檸纖果子」。攝影＿ Peggy

「WISH：Drink 果茶專業」將水果與牛奶冰沙結合，左起分別為「芒果厚奶」、「草莓厚奶」與「奇異果厚奶」。攝影＿ Peggy

談及地點的選擇、店鋪的規劃，曾信傑也有一套心法。就地點選擇方面，以人流集中、方便停車、租金適中為展店原則，他進一步分析，地點人口數集中，代表有一定的消費客源，加上現今騎車、開車相當普遍，倘若選址又能加入這項利多，能有助於帶動消費者上門；至於租金適中，則是要衡量整體後，看看是否能符合損益分析，倘若符合效益，則要再做地點的選擇與評估。對應到海外市場亦是，曾信傑表示，國外民眾普遍以開車為主，能否便於停車更是他們在意的一部分。所以到海外發展時，除了人流、租金，好不好停車則是評估的一大重點。

因店內主以販售新鮮水果茶飲為主，店鋪規劃上有別於其品牌，必須將處理各式水果的機器設備，以及操作流程動線一併納入思考，所需環境稍大，傾向以面寬 4 米、深度 7 米的空間為主，當然這樣的條件，在進入到北部市場時也曾面臨些挑戰，後續曾信傑與設計團隊們特別做了調整，在既定的空間裡，足以放得下所需設備，同時亦不讓生產線受到影響。

看準健康發展趨勢，催生新品牌刺激消費者味蕾

看準「健康」仍是接下來的趨勢，除了 Mr.Wish 鮮果茶玩家，曾信傑分於 2016、2018 年推出「切切果鮮果切吧」與「WISH：Drink 果茶專業」兩個同樣以新鮮水果為主軸的品牌。

曾信傑表示，Mr.Wish 鮮果茶玩家也推出一段時間了，為了再給予市場一點新鮮感，以及提供消費者一點刺激，延續「健康」、「新鮮水果」訴求，再催生出這兩個品牌，希望藉此能再打開不同的消費市場。

「WISH：Drink 果茶專業」從果實「紅、黃、綠」三色做延伸，不只有新鮮果汁，還將水果結合牛奶冰沙共同呈現，不只讓人品嚐新鮮美味的飲品，更是徹底顛覆味蕾。「切切果鮮果切吧」則是以提供新鮮果汁、水果切盤、甜品及輕食為主，為確保水果的新鮮與乾淨，水果送到店後會再經過一道臭氧殺菌過程，為的就是要把水果的新鮮與原味帶給消費者。

店鋪營運計畫表

品牌經營

品牌名稱	Mr.Wish 鮮果茶玩家
成立年份	2007 年
成立發源地／首間店所在地	台灣台中／台灣台中逢甲夜市
成立資本額	不提供
年度營收	不提供
國內／海外家數佔比	不提供
直營／加盟家數佔比	不提供
加盟條件／限制	台灣地區品牌加盟條件 1. 加盟主年滿 20 歲以上，信用良好無不良前科。 2. 認同 WISH:Drink 品牌經營理念，並願意用心為品質把關者。 3. 每店至少兩名經營人員參加總部受訓，並通過專業考核。 4. 具備充足的創業資金，願意接受總部經營方針及技術培訓。 5. 堅持誠信經營，遵守職業道德，一同維護品牌形象。 6. 對服務業擁有高度熱誠，具創業企圖心者
加盟金額	不提供
加盟福利	不提供

店面營運

店鋪面積／坪數	8 ～ 12 坪
平均客單價	不提供
平均日銷杯數	不提供
平均日銷售額	不提供
總投資	不提供
店租成本	不提供
裝修成本	不提供
進貨成本	不提供
人事成本	不提供
空間設計者／公司	不提供

商品設計

經營商品	新鮮水果搭配果茶為主軸
明星商品	招牌水果茶、光/熟青果茶、鮮果子系列、果粒茶系列
隱藏商品	鮮奶系列商品及部分隨身瓶商品
亮眼成績單	全台首創新鮮水果茶、商品獨特性

行銷活動

獨特行銷策略	用新鮮水果作為手搖飲的主軸，新鮮天然與健康就是我們最強的策略
異業合作策略	跨界合作，不排斥任何可能性

開店計畫 STEP

2007年
成立「Mr.Wish 鮮果茶玩家」並開設首間直營店

2012年
前進大陸，上海直營

2014年
前進美國，邁向國際

2016年
越南海外，品牌代理

2016年
創立「切切果鮮果切吧」品牌

2018年
「WISH：Drink 果茶專業」品牌

2019年
正式開放「WISH：Drink 果茶專業」與「切切果鮮果切吧」加盟經營

堅持職人製茶精神，嚴選產地紅茶
深刻在地連結，交織本土情懷

布萊恩紅茶成立迄今邁入第 15 年，為台南老字號品牌，創立至今堅持把關茶葉源頭、參與茶葉栽種，與在地茶農建立出革命情感。攝影＿王士豪

文／高子涵　攝影／王士豪　資料提供／布萊恩紅茶

布萊恩紅茶

「布萊恩紅茶」於 2005 年創立於台南正興街，創辦人莊政安努力專精紅茶領域，為全面了解茶葉從何而來，親自參與茶葉栽種和烘培過程，與茶農緊密配合，挑選出產地紅茶，並使用陶鍋作為沖泡茶器顛覆傳統，職人般的製茶態度，強調依照各式茶葉特性，給予合適之製成、烹煮方法，將喝紅茶這件事，提升成為更高層級的飲茶體驗。

Brand Data

2005 年創立於台南正興街,提倡生態平衡、強調職人精神、堅持古具沖泡,並落實環境友善,成為台南觀光必去景點之一,期待老字號的紅茶專賣店品牌未來持續向外拓展,將台灣在地的美好滋味帶給外國朋友。

「**我**在 14 年前創立布萊恩,原始想法很單純,就是想要脫離貧窮生活。」莊政安表示,傳統觀念告訴他,一定要有一技之長在身,因此國中畢業後就開始在製造業上班,兼職多工、分擔家計;不料,遭逢製造業重心大舉遷移大陸的過渡期,讓莊政安在轉瞬間失去了工作機會,「後期開始邊工作、邊創業,除了在夜市擺攤賣娃娃車,也賣過烤布丁、甜甜圈以及蔥油餅,亦做過冷飲站;做過這麼多工作後,發現飲料是自己最有興趣的類型。」幸好失去工作時的自己還算年輕,在廣泛接觸不同產業類型之後,莊政安決心將自身熱情投入紅茶領域,並深入專精,成為自創品牌最大的契機。

莊政安談到,「當時大家品牌的概念沒有這麼清晰,顧客需要更淺顯易懂的溝通。」在觀察市面上飲料店後發現,沒有人在做紅茶「專賣」這件事,「那時候消費者並不知道紅茶有那麼多種形式,開間專賣各種紅茶的飲料店好像還不錯;於是,我就從自己認識 4 種產地茶開始賣,當作是跟顧客分享的概念經營。」他進一步說明,「其實那時候市面上紅茶也沒得選,就是 4 款產地茶;其他的調味茶或精緻茶,會依照調味方式、添加原料的不同,變化出 10 幾種風味。當時我們推出紅茶、奶茶各 7 款,一直到現在品項也約略在 20 種上下。」很多想法在沒有驗證之前無法評估是否可行,莊政安表示,回首品牌的成功,一部分仍需歸功於自媒體的蓬勃發展,創業初期就明顯感受到網路上的討論為品牌帶來話題性及人潮,並持續產生推波助瀾效果,讓布萊恩紅茶得以延續品牌熱度,成就經典。

嚴格把關茶葉，與在地茶農培養革命情感

　　憑藉對茶葉領域求知的熱忱，莊政安開始去了解茶葉原料的來源，「我想知道自己買來的茶葉是夏季採收，還是冬季採收，以及種植的茶園附近的環境怎麼樣，因為想要瞭解更多，自然而然就會走到源頭端。」透過親身參與，瞭解如何栽種、挑選茶葉，開始與茶農緊密接觸，逐步培養彼此默契關係；然而，卻在進一步的合作過程察覺彼此觀念的落差，讓原料供應成為經營中最大危機，「紅茶店需要貨源品質、數量穩定供應，簽訂保額、保量的合約是最能保障雙方的方式，但茶農沒有這樣的觀念，遇到他不懂的事，不是拒絕就是排斥。」莊政安說明，老一輩的茶農想法單純，卻也缺乏商業思維，今天有種茶葉就來賣、誰出價高就賣誰，無法建立出長期合作關係，甚至一度危急營運狀

布萊恩紅茶創辦人莊政安，自許繼續深入專精紅茶領域，將專業及熱情投入產品開發，並期待將品牌推上國際舞台。攝影＿王士豪

2005 年創立於台南正興街的布萊恩紅茶，提倡生態平衡、強調職人精神、堅持古具沖泡，並落實環境友善，成為台南觀光必去景點之一。攝影_王士豪

況，「這樣的困難長達 5、6 年之久，在茶農的 2 代回鄉接手後才得到很大的舒緩。」解決茶葉供應的問題後，莊政安也才正式開放對外加盟。

布萊恩紅茶專賣店現於全台共有 22 間門市，從店鋪選址、教育訓練到經營策略上皆已發展出相當成熟的方針，莊政安分享，「我們很希望前來加盟的人心態是職人態度，除了有想專精紅茶產業的熱誠，也得先了解布萊恩紅茶建立出的商業模組。」他進一步說明，創業若只想著把產品做好是很不容易成功的；反之，若一味將飲料店作為投資工具失敗率也很高，強調應該在堅持自我初衷以及觀察市場動向中取得平衡，以利更長遠的思考未來。

神農氏作為設計靈感，呈現十足懷舊感

談到設計層面，莊政安表示，正興總店剛完成改裝，承襲 2 代店的風格，大量取用中藥店的元素進行店鋪設計，「神農氏在撰寫本草綱目時，將茶列居排名之首，是第一個將茶葉的所有療效詳細羅列出來的人。」木造式的店觀為整體營造古色古香的氛圍，在工作區的右側設計開放式層架，擺放典雅茶壺、茶具頗有風雅韻味，也設計許多精巧的小格抽屜，完整呈現中式古風，引人穿越時空回憶文人雅士「品茶」的典故；此外，有別於其他飲料店以單張紙呈現

台南正興總店將中藥店的元素呈現於店鋪中，開放層架營造古色古香懷舊氛圍。此外，布萊恩紅茶正興總店也推出「正興杯杯」鼓勵遊客逛街喝完飲料後再行歸還，響應環保、樂趣十足。攝影＿王士豪

菜單，布萊恩紅茶設計出精裝版本，莊政安形容，這是為了要讓客人有種儀式感，「我們很常活在感覺裡面，當我們拿到這一本漂亮、專業的菜單，會進入到儀式裡面，通過點餐、拿到飲料的過程，希望能滿足顧客身心靈的需求。」

在環保方面，布萊恩紅茶與好盒器團隊合作推出「正興杯杯」，讓到台南正興街觀光的遊客，可以優惠價格選擇環保杯裝飲料，邊逛街、邊喝飲料，只要在飲用完畢後將杯子拿至指定地點歸還即可，莊政安分享，「我們一直都努力推廣環保這一塊，未來也不排除推出環保吸管、杯套帶等周邊商品，為地球環境盡一份心力。」

堅持職人精神研製好茶，期待踏上國際舞台

作為台南老字號的紅茶品牌，莊政安說，展望未來最大的目標是希望能走出台灣，「我對本土有很深厚的情感，想要將這份心意也推廣到海外，讓農夫們能夠有好的管道銷售產品，也提供好的產品服務客人。」

布萊恩紅茶創立至今屆滿 15 年，一路走來已與在地茶農建立出深刻連結，再加上本身是土身土長的台南人，莊政安對台灣本土文化充滿情感，期待未來的自己繼續保有對紅茶專業的堅持及熱情，將台灣特色紅茶推上國際舞台。

店鋪營運計畫表

品牌經營

品牌名稱	布萊恩紅茶
成立年份	2005 年
成立發源地／首間店所在地	台灣台南／台灣台南中西區正興街
成立資本額	不提供
年度營收	不提供
國內／海外家數佔比	台灣：22 家、海外：0 家
直營／加盟家數佔比	直營：6 家、加盟：16 家
加盟條件／限制	不提供
加盟金額	NT.230 萬元
加盟福利	加盟福利教育訓練、原物料提供

店面營運

店鋪面積／坪數	不提供
平均客單價	NT.50 元
平均日銷杯數	約 250 杯
平均日銷售額	不提供
總投資	不提供
店租成本	不提供
裝修成本	不提供
進貨成本	不提供
人事成本	不提供
空間設計者／公司	不提供

商品設計

經營商品	紅茶、奶茶
明星商品	魚池阿薩姆紅茶、魚池阿薩姆奶茶
隱藏商品	砂鍋奶茶
亮眼成績單	魚池阿薩姆紅茶日銷最高 1,000 杯

行銷活動

獨特行銷策略	集滿 50 個布萊恩紙杯套可免費兌換 1 杯飲品
異業合作策略	杯套與華南銀行、新光三越合作活動曝光

開店計畫 STEP

2005年	2007年	2008年	2009年	2010年	2011年	2012年
第一間店正式開幕	第二間直營店開幕	第三間直營店開幕	第四、五間直營店開幕	第六間、第七間百貨直營店開幕	談成高雄店加盟	第一間加盟店開幕

原物料供應到品牌建立，讓庶民飲料華麗轉身

食品安全不鬆懈，做好層層檢驗與把關

文／余佩樺　資料提供／水巷茶弄餐飲事業有限公司

2019 年水巷茶弄正式進軍日本，並於表參道開設了分店。圖片提供＿水巷茶弄餐飲事業有限公司

水巷茶弄

由創辦人李月英所創辦的「開富食品國際有限公司」創立於 2000 年，其主要專營各式營業用餐飲專業原物料，於 2007 年成立「水巷茶弄」，成為台灣唯一有原物料供應商背景的茶飲品牌。原物料的中游業者，深知食品安全的重要，無論經營哪個領域，均不敢輕忽與鬆懈，做好層層檢驗替民眾的食安做把關。

Brand Data

成立於 2007 年的「水巷茶弄」，起
源於 2000 年由李月英所創辦的開富
食品國際有限公司，其專營各式營業
用餐飲專業原料，因此成為台灣唯一
有原物料供應商背景的茶飲品牌。

由創辦人李月英所創辦的開富食品國際有限公司，最早從透天厝開始逐步擴張至今日的規模，也從原先單純的零售買賣到現今提供一站購足整合式服務。而後隨市場逐漸轉型，品牌開始崛起，才使得開富食品在 2007 年成立「水巷茶弄餐飲事業有限公司」，建立自家手搖飲品牌。

水巷茶弄餐飲事業有限公司行銷公關部經理鄭伊婷解釋，「開富食品裡提供包含茶飲、咖啡、料理、烘焙……等物料，產品銷售至夜市飲料攤、茶攤的過程中，因必須說明使用原物料的方法，勢必就得傳授相關的調製技術。」「甚至還會協助產品開發、菜單設定，原因在於原物料品項相當多，為了促使銷售，便幫忙構思原物料的再變化，將單純紅茶添加蜂蜜，即再衍生出『蜂蜜紅茶』飲品，品項不再單一、口味也能變得多元。」她緊接著說明。

本以為就會是這樣經營下去，沒想到市場卻出現變化，連鎖茶飲崛起、品牌觀念也興起，迫使飲料攤、茶攤開始一間間關門，看似危機卻也是轉機，水巷茶弄餐飲事業有限公司總經理郭桂娥表示，「既然我們熟悉原物料來源，又有研發與銷售的能力，何不自己成立手搖飲品牌？放大優勢也與市場其他品牌做出區隔。念頭一轉，便於 2007 年成立了水巷茶弄，並以『天然、健康、新鮮煮』作為經營理念。」

研發獨創口味，清楚與市場做出區隔

正因為品牌身後有原物料供應的背景，水巷茶弄也善加運用這優勢，結合過去構思原物料再變化的研發能力，開始與市場其他茶飲品牌做出品項上的差異，也走出自己的一條路。鄭伊婷解釋，「因背後有原物料供應的經驗，所以能夠快速得知新興原物料產品推出的第一手消息，進而嘗試將這些原物料與茶飲結合，創新口感且特殊，成功迸出市場上鮮少、幾乎沒有人做過的茶飲品項。」以「寒天」、「小紫蘇」為例，當初就是得知原物料供應商正準備推出寒天與小紫蘇，研發團隊靈機一動將這兩款原物料應用在茶飲中，讓消費者在喝茶之餘還能有彈牙的口感，就這麼樣變成了獨家加料，成功在市場掀起話題。

然而，作為原物料的供應業者，深知食品安全的重要，在面對手搖飲品牌的經營上亦是不敢輕忽。鄭伊婷指出，我們對於上游供應商的遴選與評鑑是相當嚴格的，除了出示工廠登記證、食品相關的檢驗證明外，我們也會進行廠區的訪視，為的就是要看供應商對食品衛生安全重視程度；另外，郭桂娥補充，在請廠商客製原物料時，也都盡可能要求不添加防腐劑與色素，並且在常溫下可予以保存……等。

一方面除了要求供應商，另一方面也做自主檢驗。總公司於 2013 年成立「樂客來食品原料暢貨中心」，其 2 樓便設有「品保室」，裡頭備有自主檢驗的機械設備，加以確保每種食材的食用安全性。

堅持品質聯手多元行銷，提升品牌能見度

過去在原物料供應的銷售上，採取口碑行銷方式，藉由店家之間的交流將產品信息、品牌力傳播開來，當水巷茶弄進入手搖飲市場，亦是透過這樣的方式行銷，並以「堅持品質、用料實在」抓住消費者的心。鄭伊婷進一步分享，曾經就有加盟業者回饋，自家的「芋頭鮮奶露」因芋頭採取手工熬煮並且加入新鮮牛奶，並非是採用罐頭或調味粉的方式製成，口感滑順好喝又具有飽足感，一直很受到醫院護理站人員的青睞與喜愛。

表參道分店以純白色系為主，藉由乾淨明亮的空間設計，一展手搖飲店的清新形象。圖片提供＿水巷茶弄餐飲事業有限公司

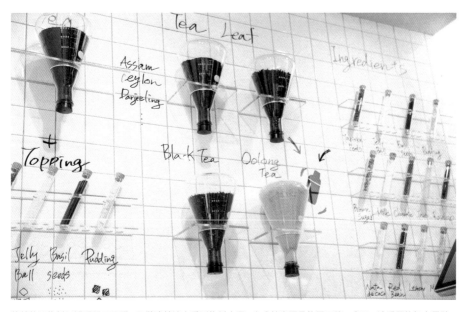

將茶飲原物料以透明器皿呈現，不僅清楚讓人看到物料來源，也成就出獨具的展示牆，成下一波重要的打卡景點。圖片提供＿水巷茶弄餐飲事業有限公司

但是，隨市場競爭愈趨激烈、消費人口轉移，水巷茶弄也開始逐漸意識到，必須得做點改變，結合不同的行銷手法、善用對的銷售語言，提升品牌能見度之餘，同時也與市場主流消費族群對話。鄭伊婷坦言，「水巷茶弄成立至今約莫已有 13 年個年頭，市場環境不僅競爭也一直在變遷，促使我們思考如何讓品牌再次被看見、甚至被消費者需要。」於是這幾年可以看到水巷茶弄不斷地在調整，像是在 2018 年進行了品牌再造工程，以雪克杯作為 LOGO 主視覺，增加品牌識別度；另外，也先後與「懶散兔與啾先生」與「Peno alcohol.」合作，刺激眼球亦帶動消費與話題，擴散效應也重新找回品牌的網路聲量。除此之外，也與泰山企業攜手推出聯名飲料，將經典口味檸檬小紫蘇移植到包裝飲料，消費者既能夠在超商就買到人氣飲品，也讓手搖飲銷售能 24 小時延續。

　　除了在包裝、通路上的轉型，水巷茶弄近幾年也在店鋪設計上加以著墨，鄭伊婷解釋，嘗試做這樣的改變，主要還是希望能藉由吸睛的店裝帶領顧客上門，不過，初期的嘗試還未獲得明確方向，原因在於，改裝的過程中仍在尋找

不只店裝吸引人，就連茶飲包裝也相當吸睛，水藍色底上頭富含花卉圖騰，帶出東方茶飲文化的意象。圖片提供＿水巷茶弄餐飲事業有限公司

到國外展店的同時，也特別將台灣在地的好滋味傳遞出去，包含珍珠、水果系列等。圖片提供＿水巷茶弄餐飲事業有限公司

符合接下來水巷茶弄定位的最適設計，因此今年選擇放慢腳步，待方向更釐清後再進行後續動作。

步步為營，直到 2015 年才開始走向海外

　　水巷茶弄在發展頭幾年，也與其他品牌一樣，從直營走向連鎖加盟，但深知經營品牌不易，再加上民眾對品牌愈趨要求，水巷茶弄在顧及整體品質思維下，轉而將品牌經營朝向精緻化，目前店面家數約維持在 60 家左右。鄭伊婷說明，無論直營、加盟，每間店、每個環境都是挑戰，所以現階段將店家數維持在這個數字下，也不輕易開放加盟，為的就是要能掌控好每家店的經營品質。

　　至於海外市場，坦白說比起其他品牌，水巷茶弄走得更步步為營。鄭伊婷解釋，除了希望找到理念相同的代理商，再者也在克服茶飲輸出到海外的品質穩定性問題，故才會在 2015 年時於新加坡等地開設店面。慢慢地逐步發展，到 2019 年則在日本表參道開設了分店，預計韓國、越南也將陸續開展水巷茶弄海外分店。

　　手搖飲市場變化快速，放慢步伐未必不好，反而能在競爭過程中，更看清楚自身究竟要的是什麼。對水巷茶弄而言亦是如此，選擇站穩經營市場中的每一步步伐，進而再往其他面向走去。

店鋪營運計畫表

品牌經營

品牌名稱	水巷茶弄
成立年份	2007 年
成立發源地／首間店所在地	台灣高雄／台灣高雄大社
成立資本額	不提供
年度營收	不提供
國內／海外家數佔比	台灣：60 家、海外：4 家
直營／加盟家數佔比	直營：7 家、加盟：57 家
加盟條件／限制	25 ～ 50 歲、專職經營、培訓期 2 個月
加盟金額	NT.190 萬元（不含原料費用）
加盟福利	完整教育訓練、商圈保障

店面營運

店鋪面積／坪數	約 10 ～ 15 坪
平均客單價	NT.100 元
平均日銷杯數	400 ～ 700 杯（淡旺季不同）
平均日銷售額	不提供
總投資	不提供
店租成本	依店面大小不同
裝修成本	包含在加盟金內
進貨成本	不提供
人事成本	不提供
空間設計者／公司	不提供

商品設計

經營商品	手搖茶飲
明星商品	鳳來水果茶、寒天愛玉、芋頭鮮奶露
隱藏商品	鳳來小紫蘇（未定）
亮眼成績單	寒天愛玉銷售至今破千萬杯

行銷活動

獨特行銷策略	嚴格把關食材，強化店鋪管理，做好基本功
異業合作策略	與泰山合作開發檸檬小紫蘇利樂包飲品，榮登 7-11 水果類飲品銷售冠軍

開店計畫 STEP

2007年
成立「水巷茶弄餐飲事業有限公司」並開設首間直營店

2014年
推出全新「好日瓶」

2015年
水巷茶弄新加坡店開幕

2017年
建置天然蘆花薦果精緻茶廠

2018年
進行品牌再造工程，以雪克杯作為 LOGO 主視覺，增加品牌識別度

2019年
水巷茶弄日本表參道店開幕

從細節去挖掘，一舉突圍茶飲通路的發展
環保方瓶到易拉罐裝，成就特色也創造市場話題

文／余佩樺 攝影／蔡宗昇 資料提供／石圓禪飲股份有限公司

位於衛武營的店面中，結合了 teabar 與販賣機形式，打破手搖飲店的經營印象。攝影＿蔡宗昇

圓石禪飲

成立於 2006 年的「圓石禪飲」，創立至今約莫 13 個年頭，
其以健康、養生作為定位，清楚與市場做出區隔外，更大
膽推出環保方瓶，成就自身特色；在品牌成立 10 週年後，
於 2018 年催生另一手搖飲品牌——「極渴」，高顏質飲
品加上易拉罐裝，網路界引起不小迴響，更掀起市場話題。

Brand Data

2006 年成立，以健康、養生定位該茶
飲品牌，清楚與市場做出區隔；更推
出飲料環保方瓶，成為茶飲連鎖銷售
中的一大特色。品牌成立 10 年之際，
更於 2018 年催生出另一茶飲品牌「極
渴」，高顏值飲品加上易開罐包裝，
甫推出 1 年便快速在海外展店。

出身業務的石圓禪飲股份有限公司董事長楊紘璋，在成立圓石禪飲前，因跑業務關係，每日在外奔走的他，一天下來，至少 1~2 杯杯手搖茶飲不離手。雖從事業務，但也懷抱著有天能自行創業，既然要投入創業，那得從自己喜歡的方向思考起，「想到自己愛喝奶茶、飲料，就這樣進入了手搖飲產業。」楊紘璋回憶。

「原本想咖啡有其專業進入門檻勢必較高，沒想到茶飲業也不如自己所想的簡單，舉凡茶葉的篩選、品質的控制，甚至到後端煮茶技術……等，這些都必須清楚了解與掌控，才能讓後續順利被推動。」他進一步解釋。

也因為投入時間點落在 2006 年，在當時，台灣手搖飲市場已進入所謂的戰國時代，特別是南部地區，早已有許多老品牌插旗市場，不過既然選擇投入，迫使得楊紘璋必須做出差異才能有所區隔。於是他以健康、養生作為定位，不僅讓茶在無加糖的情況下，風味、口感一樣好，另也研發「國民茶」、「黑豆茶」等，讓茶不只有解渴，其中還能顧及健康。

製茶細節到保存，催生環保方瓶的飲茶模式

除了品牌定位，楊紘璋也在思考做出差異化的其他可能。一個源自於販售

過程中消費者所給予的回饋，希望將延長飲用茶的時間，就算喝不完、置於冰箱隔天再飲用，仍可保留住既有的風味，於是楊紘璋嘗試從製茶方式做調整，進而找到解決之道。

楊紘璋解釋，傳統熱泡茶煮完後進行過濾再放入保溫桶，受限於溫度、發酵速度關係，會刺激茶裡頭的單寧酸，一旦單寧酸過多便會讓茶變得苦與澀，於是改以冰鎮方式，將煮好的茶做快速冷卻，從 70 度降至 10 度內，有效穩定茶的風味，更將保存期限拉長至 48 小時，還能進一步減少店家不怕必要的浪費。

改了製作方法後，茶飲盛裝方式更多元，便順勢推出瓶裝包裝，讓茶飲呈現方式特別，也能吸引更多人選購。設計出身的他，也研發出以聚丙烯（PP）為材質的環保瓶，為了讓瓶身能重覆運用，另設計出口徑一致的噴頭，喝完後的環保瓶也能成為盛裝沐浴乳、洗髮乳的瓶子，著實替茶瓶找到其他的使用功能。「包裝只是一個呈現方式，但要深入思考的是背後的問題，也許是製作過程也許是其他，一旦有辦法克服了，推出具備意義也才能發揮它的價值。」

位於衛武營的店面中，結合了 teabar 與販賣機形式，讓手搖飲銷售能 24 小時不間斷。攝影＿蔡宗昇

石圓禪飲股份有限公司董事長楊紘璋。
攝影＿蔡宗昇

以茶 bar 機為概念的「圓石 teabar」，將冷卻、處理飲料機制整合在一起，冰鎮保鮮又乾淨衛生。攝影 蔡宇昇

——化解開拓市場的不利因素，玩出單一茶的多樣性

這樣的製茶方式，雖說克服了茶飲的飲用期限與風味，但繁瑣製作流程的背後還有更多考驗等著楊紘璋。

正因製作過程繁複，既需要足夠的空間擺放相關設備，再者製作時間、人力耗損也相當龐大；另外，想走入到海外市場時，又面臨各國家承租坪數計算方式的不同，把這樣的店型複製到海外，店租成本隨即提高，最迫切的就是衝擊營運成本的考量。

種種不利因素迎面而來，再度迫使楊紘璋不得不面對設備調整的問題。經過多年研發，在今年正式推出了以茶 bar 機為概念的「圓石 teabar」，將冷卻、處理飲料機制整合在一起，冰鎮保鮮又乾淨衛生。特別的是相關管線、設備都

是採用食品級等級，消費者在飲用上都能更加安心。過往方式，前後場所需空間相加，需要 20 坪左右的空間才能應付，經調整後，僅需要約 10 坪大的空間即可。充分發揮坪數極大化概念，不僅將吧台長度控制在 2 米 8、前後吧台檯面深度保持在 90cm，且彼此之間還留有一定的距離，一來操作人員彼此不會受到干擾，並維持前後台人員各司其職，確保製作飲品時的乾淨與衛生，二來減化飲品製作方式後，大幅降低人員配比，有效做好人事成本的管控。

新型態的店鋪中，不只有 teabar 的冰鎮茶，另外還有所謂的冰滴茶、氮氣茶、手沖茶等，楊紘璋解擇，面對如此競爭激烈的市場，除了擁有核心技術與能力，另得搭配精準的控制成本，才能突圍茶飲通路的發展。於是他投入資金開模打造冰滴壺，添購手沖與氮氣設備，玩出單一茶的多樣性，也走出與市場不同的路；更重要的是，不用再像過去得備足過多的原物料，變項形成一種負擔，再者也能把品項的深度發揮到極致。

放慢腳步、觀察市場，藉此找到其他的經營商機

既然成立品牌又開放加盟，但為什麼店家數卻沒有急速地在市場上攀升？楊紘璋坦言，過去的製作方式、店型模式，的確在發展上有所受阻，這也是圓石禪飲沒有快速展店的原因。

不過，這樣的放慢腳步也未必全然吃虧，先前因產品包裝、製茶技術，也使得楊紘璋在因應餐飲 4.0 時代中，又有了新的發想與推廣。

在經營圓石禪飲 10 年後，楊紘璋萌生催生新品牌的念頭，想藉由新的消費型態刺激市場。經常往來大陸的他，關注到新形態的銷售是必須扣合網路行銷，透過網路聲量製造話題。於 2018 年 4 月推出新品牌──「極渴」，便定位為網紅店，要能在網路世界產生話題，飲品必須具備顏值與特殊性，於是楊紘璋將之前想推出易拉罐裝茶飲的想法運用其上，「最初原想找鋁罐，但無法將飲品的『顏值』給呈現出來，直到後來才找到塑膠結合鋁蓋的易開罐包裝。」推出後，不只開創茶飲包裝新的里程碑，更結合新的煮茶設備，研發出驚艷視覺，

2018 年 4 月推出新品牌——「極渴」，其便定位為網紅店，不只開創茶飲包裝新的里程碑，所推出的飲品更是驚艷消費者的目光。攝影＿蔡宗昇

「極渴」結合新的煮茶設備，研發出充滿顏值的飲品，由左至右分別為「熱情如火」、「花樣年華」與「柔情似水」。攝影＿蔡宗昇

效應逐漸在網路上擴散開來，甫推出1年便快速在海外展店，目前已進駐越南、馬來西亞……等地。

當然這樣的易拉罐裝茶飲也讓楊紘璋找到許多市場銷售機會。他解釋，面對新時代的銷售，必須線上線下整合，除了線下店鋪的成立，也藉由這樣的包裝，打開線上的販售。他舉例，「單瓶組成1箱20瓶的包裝，經線上訂購，再透過宅配運用，便能打破距離送到消費者手中。」

另外，易拉罐裝包裝也能在量販通路、販賣機中銷售，藉由不同通路的推廣，延長手搖飲的販售。目前極渴、圓石禪飲，都已推出了店鋪結合販賣機的示範店，就算店鋪打烊，仍可有效延續銷售。楊紘璋直言，販賣機銷售是接下來的推廣主力，它徹底打破手搖飲的銷售方式，機動優勢可隨時依據銷售狀況做地點的調整，再者所需坪數不大，也能省下經營者的負擔。

細看圓石禪飲一路的投入，歷經不少的調整與修正，但這樣的辛苦全然沒有白費，反而一點一點地反饋在新興品牌的建立以及新型態的銷售模式上，在嚴苛市場中找到更多的經營商機。

店鋪營運計畫表

品牌經營

品牌名稱	圓石禪飲
成立年份	2006 年
成立發源地／首間店所在地	台灣高雄／台灣高雄
成立資本額	NT.5,400 萬元
年度營收	不提供
國內／海外家數佔比	台灣 55 家，海外 5 家（極渴）
直營／加盟家數佔比	直營 10 家，加盟代理 50 家
加盟條件／限制	1. 需 2 人專職營業，對經營飲料有熱忱。2. 需配合總公司的指導管理與經營規劃。3. 需設辦立商號，辦理營業登記。
加盟金額	NT.185 萬元
加盟福利	1. 總公司完整教育訓練。2. 新品上市教育訓練。3. 行銷與營運規劃資源提供。

店面營運

店鋪面積／坪數	10 ～ 15 坪
平均客單價	NT.65 元
平均日銷杯數	約 400 杯／天
平均日銷售額	不提供
總投資	NT.185 萬元
店租成本	NT.5 ～ 9 萬元
裝修成本	不提供
進貨成本	不提供
人事成本	20 ～ 25%
空間設計者／公司	石圓禪飲股份有限公司

商品設計

經營商品	冰滴茶、冰鎮茶與自製粉圓
明星商品	復刻紅茶、冷泉玉露與復刻奶茶
隱藏商品	隨時推出新口味粉圓
亮眼成績單	會員日單店單日最高消費 3,000 杯

行銷活動

獨特行銷策略	會員日、首創方瓶回填折扣、結合販賣機
異業合作策略	健忘村電影、7-11 通路

開店計畫 STEP

2006年

成立「圓石禪飲」
並開設首間直營店

2018年

成立「極渴」品牌
並開設首間店

設計、符碼、話題，練出手搖飲新傳奇
主動出擊，讓消費者願意緊緊跟隨

文／余佩樺　攝影／江建勳　圖片暨資料提供／鹿角巷 THE ALLEY

店內風格慢慢地不斷做調整，此為法國奧斯曼分店的效果圖。圖片提供＿鹿角巷 THE ALLEY

鹿角巷 THE ALLEY

面對一片火熱、競爭的手搖飲市場，「鹿角巷 THE ALLEY」創始人兼執行長邱茂庭以自身設計專業切入，主動拋出經設計過的高顏值飲品，使喝茶成為一種時尚美學符碼，留住記憶並帶來話題，獨有的思維讓全球消費者都願意嘗鮮甚至緊緊跟隨！

Brand Data

2013 年正式成立，以「堅信茶飲喝的是一份感受，品的是一份幸福」的想法，將茶飲自台灣推廣至世界各地。

鹿角巷 THE ALLEY 成立於 2013 年，在那之前，邱茂庭在經營設計公司，也擔任大學講師，突然興起想從事副業的念頭，再加上當時的台灣正掀起一股創業熱潮，心想不如就試試看吧！

既然非商業本科但又想創業做生意，便從自己有興趣的項目思考，「自己愛喝奶茶、飲料，再加上手搖飲進入門檻低，於是就這麼踏入手搖飲產業之中。」邱茂庭回憶。

逆向操作以設計角度切入市場，是創造差異的開始

想當然創業沒有那麼容易，品牌成立最初年邱茂庭也遇上了難題。不過，既然踏出了第一步，當然不想這麼快放棄，於是他向同樣有在經營手搖飲的朋友請益，從那之後便有了較明確的概念，舉凡茶飲的製作、該推出什麼品項……等。

不過，細看產品線，邱茂庭知道唯有「差異」才能引起消費者關注，他反問自己，「屬於鹿角巷 THE ALLEY 的差異是什麼？」倘若走與市場相同的路絕對看不到機會，於是他念頭一轉，「何不妨從設計角度試試？」在當時，手搖飲業尚未對設計多有著墨，他逆向操作，無論店面、LOGO、包裝甚至到飲品，滲入設計訴說自己有力的故事。

或許是設計相關科系背景出身，邱茂庭知道「讓人留下記憶的重要」，首先他留意到當時市面上手搖飲品牌多以文字為主，於是轉而將鹿的頭像作為LOGO，字形、讀音、圖像三者均能串聯，既能讓招牌醒目又能快速被大家記住。

　　當然逆向操作的還不只這點，對應到產品面亦然。「茶能不能再有趣點？」於是他從飲品本身去思考，既從飲品顏色上著墨，也在瓶裝、杯身做改善，讓喝茶成為一種兼具時尚、美學的符碼，再一次透過設計加深消費者對產品、品牌的印象。除了外包裝，對於喝法的體驗，同樣做到主動出擊教授，讓你想不跟風都難，以黑糖鹿丸系列為例，插入吸管先喝第一口，之後攪拌9下後再喝混合過後的味道，從視覺到口感、從攪拌前到攪拌後，都有著不一樣的感受。

放大手搖飲格局，加入不一樣的想法

　　除了這些，2016年跨向海外市場也是一個重要轉捩點。邱茂庭意識到不能靠著複製台灣一代店的想法進入海外，畢竟外國人喝手搖飲的消費行為與國人大不同。於是他開始在店面下工夫，正當市場上手搖飲多追求明亮設計時，他再一

每間店都會針對環境、空間做微調，但大原則該有的意象元素都不會少，此為香港九洲新世界分店的效果圖。圖片提供＿鹿角巷 THE ALLEY

預計調整後的風格中，工業感的味道會輕一些，好讓進來的消費者能更感到放鬆。圖片提供＿鹿角巷 THE ALLEY

次逆向而行，大膽地以顏色、風格感力道均強的工業風為主軸，如黑色系加上紅磚，再輔以鹿頭 LOGO，整體帶點神祕讓人想一探，也立即與市場做出差異。

再者他也在環境中放入 3 種椅子，沙發、板凳與長桌椅，「有了這些傢具你不會只有外帶一項選擇。」可以坐下來進行不一樣的空間體驗。當然設立這 3 種形式的椅子也別有用意，沙發的舒適性有助於放鬆；板凳背後考量的是翻桌率快速；至於長桌椅則是有利於商務客群的使用，依據各個店鋪環境做比例上的安排。

要吸引消費者上門的頻率，絕非只有空間，產品布局亦是關鍵。「若單只是買茶飲，來店的消費可能 1 天就只有 1 次，如何刺激他們的消費頻率？產品線的延伸就變得重要。」跨過單純只買飲品的第一階段後，邱茂庭開始進入販售周邊商品的階段，提供像是杯子、隨身瓶……等周邊小物；當店內的銷售品項變多、變得有趣、變得與其他店不同，消費者想再光顧的機率就隨之提升。隨著周邊品的推出，而後又再延伸出販賣輕食的概念，目前日本門市已在走這方向，接下來即將開設的新加坡分店也會陸續導入。

不過，隨時間點走到現在，邱茂庭在今年也將嘗試再做點改變。他認為，過去的工業風格稍嫌重了點，會改以輕工業風為主，但基本元素都不會少，藉由不過重的顏色讓上門的消費者能感到放鬆。再來也會多出一些與消費者對話的空間，像是加入開放式吧台等，不只是泡一杯茶給來客者，而是讓彼此能進行交流與互動。

鹿角巷 THE ALLEY 創始人兼執行長邱茂庭。攝影＿江建勳

具高顏值性的「北極光」、「晨曦」，
一推出便造成市場話題並爭相搶
購。圖片提供＿鹿角巷 THE ALLEY

因應各地口味，研發適合的飲品

從台灣出發，走向國際市場，邱茂庭明白要與各地的消費者對話，除了以
設計角度創造產品亮點、多方嘗試異業聯名合作外，最終仍是要回歸產品核心，
「一個產品光有華麗外觀，作用起不了太久，最終還是要回到本質，讓茶飲做
到真正好喝，相輔相乘才有辦法獲得消費者喜愛，甚至經營也才能長久。」

就像當初想把台灣在地的好味道帶出去時，為了要讓外國人接受也思考了
一段時間，最後找出兩項大原則，一是口味不能太複雜，二則要結合飲用習慣，
於是把黑糖放入產品線推出了「黑糖鹿丸系列」，其中又分別做了鮮奶、可可、
抹茶等 3 種口味：鮮奶大眾接受度較高；可可則較能迎合西方人的口味；至於
抹茶則偏向日系。推出至今，該系列一直受到各地消費者的喜愛。

品牌自 2013 年成立後，便於 2016 年啟動了往海外發展的計畫，至今已在
日本、香港、上海、越南、法國、澳洲、韓國、美國洛杉磯、泰國、紐西蘭
……等地駐點，全球家數約 200 間。面對接下來如此競爭的市場，邱茂庭認為，
唯有回到初心，經營品牌的過程才不會迷失，將持續透過設計差異帶來不一樣
的手搖飲空間甚至產品。

店鋪營運計畫表

品牌經營

品牌名稱	鹿角巷 THE ALLEY
成立年份	2013 年
成立發源地／首間店所在地	台灣桃園／台灣桃園中壢市
成立資本額	約 NT.200 萬元
年度營收	人民幣 5～6 億元
國內／海外家數佔比	全球約 200 間
直營／加盟家數佔比	直營約 100 初
加盟條件／限制	不開放加盟
加盟金額	不開放加盟
加盟福利	不開放加盟

店面營運

店鋪面積／坪數	10～30 坪
平均客單價	依地區而有不同的售價（換算每杯約 NT.150 元起）
平均日銷杯數	約 600～700 杯
平均日銷售額	約 NT.3～4 萬元
總投資	NT.100 萬元
店租成本	依店面大小不同
裝修成本	不提供
進貨成本	不提供
人事成本	不提供
空間設計者／公司	有樂創意設計有限公司－鹿角巷設計團隊

商品設計

經營商品	茶飲、奶類飲品、水果飲品
明星商品	黑糖鹿丸鮮奶、雪莓鹿鹿、青檸芭樂、白桃烏龍、皇家九號系列飲品
隱藏商品	季節性飲品：橙香鹿鹿；話題性飲品：北極光、晨曦
亮眼成績單	黑糖鹿丸鮮奶年銷 500 萬杯

行銷活動

獨特行銷策略	・每月固定式的飲品優惠 ・集點活動，例如集滿 10 點免費送 1 杯或是鹿角巷設計商品 1 份
異業合作策略	異業結合時尚品牌、人氣電影合作聯名飲品；合作對象：雅詩蘭黛美妝品、PUMA 時尚運動用品、資生堂、電影《一萬公里的約定》、電影《女兒國》、《美麗佳人》雜誌活動、溫州音樂演唱會合作……等

開店計畫 STEP

2013年 3月	2013年 7月	2013年 9月	2013年 12月	2014年 1月	2014年 7月
開始籌備	正式開幕	第三個月開始加入創意行銷手法維持市場熱度	第五個月面臨季節轉變如何以產品做銷售因應	第六個月，獲利開始逐漸累積	開業 1 年，獲利正式打平

立足台灣、瞄準國際，把好茶帶向各地

茶質＋顏值，征服全球消費者的味蕾

文／余佩樺　攝影／Amily　資料提供／Chatime 日出茶太

空間規劃上，以品牌顏色紫色作為貫穿，另外也加入一些風格元素，藉由不同材質的搭配運用，創造不一樣的店鋪印象與感受。攝影__ Amily

Chatime 日出茶太

以「有日出的地方就有茶太」作為 Slogan 的 Chatime 日出茶太，立足台灣之餘，更將市場瞄準國際，繼 2018 年領先亞洲餐飲品牌進駐法國巴黎羅浮宮後，開創海外新興市場仍是今年度重要目標，為的就是將台灣的好茶與新興茶飲體驗文化，帶向全世界。

Brand Data

2005 年正式成立，以「有日出
的地方就有茶太」作為口號，
透過多樣化新鮮美味茶飲，將
台灣的好茶及文化，帶向全世
界。目前展店足跡橫跨六大
洲、超過 38 個國家與地區。

隸屬於六角國際事業股份有限公司的「Chatime 日出茶太」成立於 2005 年，回顧當時的年代，台灣茶飲界已是強敵環伺，競爭相對激烈的情況，除了進軍國內市場，品牌也不斷思索走向國際的可能，走出自己的路並在市場中勝出。

發展一定的標準作業流程，有效率且快速地走向國際

六角集團發言人謝婷韻談到，「當時品牌成立時，市場上其他品牌早已將珍珠奶茶做到一個相對白熱化、競爭相對激烈的情況，於是創辦人便開始思索，除了台灣是否還有走向國際市場的可能……」

也正因為走向國際的這個念頭，便開始從根源思考，嘗試加入新觀念，好讓茶飲能夠有系統地被輸出到國外。謝婷韻解釋，「過去製茶，訴求親手調製，但光是製茶這件事，除了人為因素，天候中溫度、濕度亦習習相關。為了降低製茶過程中干擾因素，好讓每一杯的茶品質、口感更趨穩定，Chatime 日出茶太導入『科技茶飲』概念，即推出了第一台煮茶機。」「或許在當時有很多不同的聲音出現，但我們知道透過煮茶機裡的『三定技術』，即定時、定溫、定量，既能維持好的茶品質，也能讓好風味完整呈現給消費者。」她也進一步分享，

曾經有加盟商地點座落於高原地帶，由於高原與一般平地環境不同，煮茶機產生茶煮不沸的情況，於是，當下立即反應並重新將機器做調整，不僅讓煮茶機適應高壓環境、茶能煮得沸，讓店也成功地開幕，讓當地人都能品嚐到台灣茶的好滋味。

當時，Chatime 日出茶太雖然敢於導入科技茶飲概念，但其背後也是承受了不少抨擊聲浪。謝婷韻回憶，「很多人看到我們推煮茶機，就說你們就是不會煮茶、沒有煮茶師才需要設計這個……但是，事實並非如此……」原來這與創辦人王耀輝出身於科技背景有關，要走入國際市場，勢必在煮茶技術、原物料品質與供給、設計……等各項管控上，必須有一定的標準作業流程（SOP），如此一來既能快速產出並輸出，也得以提高品牌競爭力。

六角集團發言人謝婷韻。攝影__Amily

台北天成店內設有打卡牆，滿足時下年輕人拍照、打卡的需求。攝影__Amily

受消費喜好逐漸轉變下，Chatime 日出茶太開始嘗試在店內設有座位區，像是台北天成店便利用空間規劃了高腳吧台形式的座位設計，讓消費者買可以短暫停留下來好好喝杯茶、品嚐茶的滋味。攝影＿Amily

　　除了煮茶技術，相關設計、物流、管理、財務、行銷等，均以 package（套裝）概念輸出，讓相關作業、程序建立在 SOP 制度下並一併到位，這不只成為營運重要基石，也才能快速複製並有效率地走向國際。於是，在品牌成立 4 年後，2009 年正式前進香港，並以授權代理模式進軍澳洲，自 2010 年起，Chatime 日出茶太靠代理商擴展世界各地版圖，至今展店足跡橫跨六大洲、超過 38 個國家與地區。

重視國際食品安全認證，釋放部分品項自主調整權讓飲品更接地氣

　　走向國外對於茶飲品質、原物料成分標準與認證更是不敢馬虎。歷經 2011 年塑化劑風波，雖然 Chatime 日出茶太自主通報某供應商疑似染塑，主動回收

店鋪規劃中加入座位設計，讓消費者買茶飲不只有外帶選擇。攝影＿ Amily

商品送檢，最後證實未含有塑化劑成分，但這已對品牌形象造成影響。謝婷韻談到，「向來自台灣輸出到各地的原物料，都有經過檢驗，但在該事件後，對於珍珠、茶葉……等，在輸出前不只要經過總部、SGS 檢驗，更要通過台灣 TFDA 的檢驗。甚若是使用當地原物料則必須符合當地的食品法規、認證，甚至是食用禁忌也得一併考量進去，好讓各地人在食用上能更加安心、放心。」

除了對於飲品食安問題加以把關外，對於口味研發也投入相當多心力，讓人見識到茶飲口味的再創新。謝婷韻指出，「我們每年都舉辦代理商大會，會中便會亮相下一年度 6 ～ 10 款的茶飲新品，並於每季都會推 1 ～ 2 樣新品，好讓消費者每回上門都新鮮感。」像是現今大家都追求養生，所推出的「高纖燕麥茶拿鐵」，或是冬季時分則推出「頂級黑松露可可」；因應現今火紅的顏

值飲品概念，也趁勢推出「極光鮮檸凍飲」，以品牌主色的紫色做為研發概念，搭配新鮮現榨檸檬原汁與天然蝶豆花果凍，讓茶飲兼具口味與外觀視覺的呈現。跟著趨勢、節令，玩出茶飲的多樣性，也讓各地人有不同的飲茶體驗。

雖然是將台灣好茶帶向國際，但在品項規劃上，品牌也給予國外代理商一些彈性，好讓茶飲能更接地氣。謝婷韻解釋，總部會賦予國外加盟主 20％的品項自主調整權，好讓他們去發展屬於當地的口味。例如像馬來西亞當地盛產榴槤，因此他們有所謂的「榴槤奶茶」品項，突顯在地既有特色，口味也能夠被在地絕大多數人給接受。

「極光鮮檸凍飲」是以新鮮現榨檸檬原汁與天然蝶豆花果凍，呈現出漸層視覺，再搭配限定「花果設計杯」盛裝，清爽酸甜的口感，兼具口味與外觀視覺的呈現。
攝影　Amily

消費者喝飲品不只口感要好，視覺也要美觀，Chatime 日出茶太也推出漸層飲品，讓茶質結合顏值，征服消費者的味蕾。攝影　Amily

現代人追求養生健康，特別推出
「高纖燕麥茶拿鐵」，讓喝手搖
飲也能健康一下！。攝影＿Amily

一致性的紫調用色，讓人對品牌留下深刻印象

　　Chatime 日出茶太在店鋪的規劃上，以品牌顏色紫色作為貫穿外，另也揉入些許風格元素，藉由不同材質的搭配運用，共同提升店面的質感，也讓人留下深刻印象。以台北天成店為例，整體以紫色融合輕工業風格，店中還有時下流行的打卡牆，既成功突顯品牌本身精神，也藉由不同元素突顯出活潑、年輕的 Style！店內也一改過去冗長、繁複的菜單品項設計與展示，在有計畫性地精簡後，讓搭配顯而易見的看板設計，整體變得更簡潔俐落，消費者入店也能快速地找到想喝的飲料。

　　過去購買手搖飲多半以外帶形式為主，但隨消費喜好的轉變，以及海外國家飲用習慣上的不同，店鋪規劃中也開始嘗試加入座位設計，讓消費者買茶飲不只有外帶一種選擇，而是可以短暫停留下來好好喝杯茶、品嚐茶的滋味。

　　Chatime 日出茶太持續在全球市場開枝散葉，展望未來，謝婷韻表示，全球茶飲產值約美金 500 億元，因此對於這個市場仍是看好。今年仍會持續耕耘台灣市場，預計將會再開設幾家直營門市；至於國際部分也都還會再持續積極展店，除了讓插旗版圖更完整，也希望能台灣好茶飲真正帶到世界各地。

店鋪營運計畫表

品牌經營

品牌名稱	Chatime 日出茶太
成立年份	2005 年
成立發源地／首間店所在地	台灣新竹／新竹市金山街
成立資本額	NT. 約 360 萬元
年度營收	2018 年度營收 NT.38.6 億元
國內／海外家數佔比	1：20
直營／加盟家數佔比	約 900 間
加盟條件／限制	不提供
加盟金額	不提供
加盟福利	不提供

店面營運

店鋪面積／坪數	10 ～ 20 坪
平均客單價	國內 NT.80 元；海外 USD$4.5
平均日銷杯數	不提供
平均日銷售額	不提供
總投資	不提供
店租成本	不提供
裝修成本	不提供
進貨成本	不提供
人事成本	不提供
空間設計者／公司	不提供

商品設計

經營商品	手搖茶
明星商品	太極厚茶拿鐵、珍珠奶茶、紫色極光、仙草烤奶
隱藏商品	季節商品：提拉米蘇奶茶、黑松露烤奶
亮眼成績單	黑松露烤奶榮獲 2018 亞洲國際創新產品獎

行銷活動

獨特行銷策略	國際環島策略；全球品牌一致性
異業合作策略	創新、有趣、高品質的合作對象

開店計畫 STEP

2018年 · · · · · · · · · · · **2019年** · · · · · · · · · · ⟩

印尼達成 200 店傲人成績，首位入駐巴黎羅浮宮，並揮軍墨西哥、捷克、模里西斯等新興市場，快速達成六大洲 41 個國家地區的國際布局

新增西班牙、黎巴嫩、冰島等新興市場，而預期印尼總店數上看 300 家，澳洲有望達成 150 店家數，菲律賓也將步入百店行列。

恪守茶之精髓，暢飲人文薈萃
導入模組化經營心法，穩健迎戰市場所需

文／李奕霆　攝影／王士豪　資料暨圖片提供／茶湯會

茶湯會 4 代店以中國新古典風格紋身，透過牌區、木作桁架天花、窗花圖騰、造型紅燈籠等傳統元素，輔以現代手法呈現。攝影＿王士豪

茶湯會

創立自 2005 年的「茶湯會」，以專業、高品質的形象深植消費者心中。事實上，茶湯會所屬之餐飲品牌春水堂，早在 1983 年便帶動起國內手搖飲風潮，後來因考量飲茶文化不應只局限室內空間，而是灑落日常生活各角，遂於都會巷弄、市郊城鎮開展外帶專賣店，區分出不同規模的商業模式；2009 年起正式開放加盟，如今全台已有 225 間店鋪，23 家海外門市遍布東亞及北美，其開枝散葉之勢不容小覷。

Brand Data

成立於 2005 年，以「一杯幸福茶，一份人情味」作為口號，秉持「以茶會友」的初衷，嚴格為原物料把關，並透過具開創性的「調茶五訣」、「手搖八法」等 SOP，服務每位如摯友般的消費者，使其感受品牌對於茶飲的用心。

「**外**帶店的誕生並非原生概念的簡化，而是便利化。」茶湯會總經理劉彥邦提到，手搖飲即便走出傳統空間、迎向街邊店鋪，回歸產品及服務面的經營依舊相同，正如品牌一路走來所貫徹的 3 項核心：嚴選原物料、調茶工法，以及「以茶會友」的文化傳承，造就茶湯會於百家爭鳴的市場持續站穩一席之地。

深究茶湯會廣受消費者認同的原因，除原物料端針對來源及硬體設備都有嚴明控管外，飲品調泡更是以首創的「調茶五訣：選、鮮、調、測、奉」，以及「手搖八法：抓、淋、熬、舀、壓、泡、量、修」等 SOP 獨步業界；同時亦專注新品研發，竭盡所能地滿足各式消費者需求、因應多樣的喜好變化，並有助於觸及、開發潛在客群。

劉彥邦表示，目前內部應對商品開發約略可分為 3 種形式：其一是定期舉辦創意競賽，給予加盟者指定條件，以各自對於產品的認知及消費風向觀察，進而誕生脫穎而出的新品；其二為編制內研發單位依據現有商品從事堆疊、組裝，嘗試不同可能；其三則來自外部需求，如為當令水果盛產期推出季節限定品。近來，部分門市也嘗試販售熱壓吐司、霜淇淋等輕食小點，形成手搖飲之外的趣味選項。

復刻古典意象，轉譯茶文化之雅緻風華

走訪茶湯會最新的街邊 4 代店，於 10 ～ 15 坪不等的店鋪中，可輕易窺見前述「以茶會友」的品牌訴求如實反映在各空間語彙之中。劉彥邦解釋，為呼應中華飲茶文化之盛行源於唐宋文人的推波助瀾，整體視覺的靈感發想皆擷取自中國新古典風格，以傳統建築意涵為底蘊，揉合現代手法演繹，同時保留玻璃材、石材、木材、鐵材等材料的天然紋理，表現溫潤質地。

其中，高懸的牌匾保有創辦人劉漢介以書法勾勒的中文 LOGO，不僅與騎樓的木作桁架天花共演懷舊，兼具品牌淵遠流長之象徵；窗花的幾何圖騰，運用英文 LOGO「TP TEA」之拆解、變形，創造融合東西的異趣；葫蘆造型紅燈籠隱隱透露真摯溫暖的待客之道，旨在啟動人與人之間的關係，在在貼合品牌精神。

為此，劉彥邦補充，「茶湯會」之命名，意在傳達「茶與茶」、「茶與人」及「人與人」的交流相會，企盼每位顧客最終都能藉由茶的回甘餘韻，感受滿滿人情。4 代店也見證了品牌成立 10 多年來所面對的技術革新，新增電子看板，足見約 3 年 1 次的店鋪裝修翻新每每皆受時代演進所趨。

茶湯會從中英文 LOGO、CIS 企業識別、空間視覺到產品包裝之規劃，主要都由編制內的專責部門執掌操刀。劉彥邦認為，品牌設計若要妥善維持整體一致性，首先必須對其商業模式、經營理念產生明確定位，才能延伸出對應的材質、主題與輔助色彩、字形、文化意涵，並加以系統化；相較部分品牌可能選擇先為總體設計賦予某種想像的可能，再去發想內容，「其概念來得更為原創，而非量產。」

聚焦店鋪設計還可進一步察覺，其基地多以長條或方塊形為主；這一切的思考立基須回到工作區域的動線安排。對此，劉彥邦指出，撇除倉儲區不談，門市主要可分成點餐、收銀、取餐的「前場」，以及烹茶、煮料、調茶、組裝的「後場」；然而，應援手搖飲店鋪的後場其實不若其他餐飲商空那麼吃重，形式上多與前場存在同一場域、相互整合，僅利用設備作區隔，因此連結最初

茶湯會總經理劉彥邦。攝影　王士豪

茶湯會部分門市推出的限定商品熱壓吐司，其新設攤位也為原本單純的手搖飲店鋪增添嶄新面貌。攝影　王士豪

的基地選擇，長形或方正格局更益於營造順暢的流形動線與明快的工作效率。

　　至於現場設備的尺寸評估，則受人因影響最大；考量使用者需長時間站立，工作檯面不宜過高或過低，否則容易造成疲累或肌肉痠痛等傷害。再加上每家門市人員的身高不一，遂在硬體上皆納入可調整式設計，操作上更具彈性。

模組化運營協力，循序培養加盟主上手

　　綜觀茶湯會當前的布局，全台加盟與直營門市的數量約為 4：1，共 225 間店鋪。劉彥邦說，直營主軸以台北、台中、高雄等大都會優先，除考慮市場動能，也是教育訓練中心所在，適合標準店型之呈現；其餘鄉鎮城市則主要為加盟性質，徹底發揮各地方業者熟悉據點選擇及商圈經營等長處。

談到餐飲業最關切的選點策略，劉彥邦表示，茶湯會會先利用公里數劃定安全範圍，避免同一區域中有過多門市，形成惡性競爭。他解釋，這對多數客群屬隨機消費的便利超商來說，可能影響不大，但手搖飲主要的經營模式為外帶及外送，多數客群屬目的性到達或派送，若據點太密集，反而容易造成消費者混淆。再者，也較不會鎖定商圈一級戰區，否則店租成本過高，導致無法著力於產品本身時，將本末倒置。

　　因應店鋪運營力的養成，茶湯會設置了前述的教育訓練中心，負責展店前的培訓、平時的回訓（即調茶工法、品質確認等），以及新品研發後的技術轉移⋯⋯等。另外，顧及農產原物料的品質可能受產地、氣候的不同而有落差，因此後續的飲品製備程序亦仰賴教育訓練中心以實測方式微調。同時，門店、商圈經營與成本損益評估也都是重點培訓項目之一，甚至在與海外門市的對接上，會善用影片等輔助性資料提供參考。

　　此外，劉彥邦特別提及組織分工中所配置的「擔當」角色，從創業前諮詢、學科及術科等知識學習，到開店後進駐輔導、管理經驗傳承，一路陪同加盟者，其業務職掌即業界常見的「督導」。那麼為何改以擔當稱之？劉彥邦說，考慮

茶湯會明星商品「翡翠檸檬」、「珍珠紅豆拿鐵」與「觀音拿鐵」。圖片提供＿茶湯會

門市限定商品熱壓吐司擁有泡菜燒肉、爆漿珍奶、茶香肉蛋⋯⋯等多樣口味。圖片提供＿茶湯會

到加盟者普遍對督導存有純粹為巡店稽查的負面刻板印象；相對地，擔當具有「責任擔當」之意，與加盟者共同分擔責任，也同時擁有了共同回饋的可能性。

掌握趨勢脈動，形塑互動式新零售體驗

論及藍圖規劃，劉彥邦觀察，市場正處新一波蓬勃發展階段，絲毫未有衰退跡象。畢竟就某方面而言，手搖飲屬「剛需產品」，介在食與育、樂需求之間；循此脈絡，挖掘消費者需求將是品牌不斷努力的方向。

另一方面，同業競爭儼然邁向白熱化，無論在飲品開發或行銷提案發想，似乎都已走到極致。但對此，劉彥邦並不感到畏懼，他深信前人所云，「市場不會飽和，只是重新分配。」因此在既有強項精益求精，求新求變、尋求更好的服務，強化消費的便利性，勢必成為市場生存之道。

茶湯會未來的規劃重點之一會放在電子化，包含線上線下與支付方式的整合，以及消費經驗的優化，如減少等待時間、降低付款時的困擾、增進情報流通的順暢度……等，打造新零售體驗。

原有的企業聯名等異業結合模式亦會持續，出發點仍緊扣消費者端，滿足其追求新鮮刺激的想望，或恰符合客群年齡層偏好，爭取品牌曝光度，像是過去與 LINE FRIENDS、人氣手機貼圖「小學課本的逆襲」……等在產品包裝設計上的合作，以及與知名電視劇、電影的跨界贊助推廣，皆引起不錯的宣傳迴響與口碑。

最後，劉彥邦也提供有志創業者 2 點思考提醒：其一在產品及服務上必須滿足現行市場上無法被滿足的需求與缺口，找出品牌的立基點及經營核心，創造差異化；其二則是意願與價值觀的確立，必須妥善評估自身條件，以及對時間、心力的投入程度。他坦言，「手搖飲是門好生意，但很辛苦。」許多人十分嚮往之，但也不乏欲短線投資操作者；然而，手搖飲當屬 365 天的工作，亟需實際參與、長期經營，並非把一杯茶飲泡好方能撐過一整年，而是每天都得抱持熱忱、維護相同的好品質，「成就餐飲業之本，也是最困難之處。」

店鋪營運計畫表

品牌經營

品牌名稱	茶湯會
成立年份	2005 年
成立發源地／首間店所在地	台灣台中市向心路
成立資本額	NT.1 億 2,400 萬元
年度營收	不提供
國內／海外家數佔比	台灣：225 家、海外：23 家
直營／加盟家數佔比	直營：加盟約 1：4
加盟條件／限制	認同茶湯會品牌、對茶飲有興趣及熱忱，且願意全職投入之長期經營者
加盟金額	NT.238 萬元（含保證金）
加盟福利	1. 開店前準備：‧設店時之市場評估‧店鋪之設備、擺設、水電、裝潢工程‧經營、管理策略之指導、諮詢‧商品之管理、調理‧協助人事管理制度之建立‧輔導各項營業報表之製作 2. 完整的教育訓練：‧茶湯會經營理念及規章制度‧POS 收銀系統操作‧產品認識及促銷技巧‧茶房崗位技能訓練‧內場初級、進階課程‧門市操作實習至少 60 天以上 3. 總部不定期舉辦行銷活動及品牌曝光 4. 持續且定期開發新品並提供相關原物料

店面營運

店鋪面積／坪數	10 ～ 15 坪（台灣）
平均客單價	NT.90 元
平均日銷杯數	不提供
平均日銷售額	不提供
總投資	不提供
店租成本	視個別情況而定
裝修成本	視個別情況而定
進貨成本	不提供
人事成本	不提供
空間設計者／公司	不提供

商品設計

經營商品	原味茶、奶茶、茶拿鐵、調味茶、鮮調茶、熱壓吐司、霜淇淋
明星商品	觀音拿鐵、珍珠紅豆拿鐵、翡翠檸檬、珍珠奶茶、新鮮水果茶、芋香翡翠拿鐵
隱藏商品	熱壓吐司、霜淇淋（限定門市銷售）
亮眼成績單	招牌商品觀音拿鐵年銷杯數可堆疊成 1,700 座台北 101

行銷活動

獨特行銷策略	每週三會員日（每月內容不同，例如指定飲品點數贈送、指定飲品單杯現折價、指定飲品加價購）
異業合作策略	·LINE FRIENDS：期間推出聯名紙杯、吸管、提袋、周邊；周邊包含茶護照、造型杯、扭蛋 ·小學課本的逆襲：捕捉小學值日生，邀請粉絲上傳捕獲值日生的照片；期間每週三、六於指定門市之櫃台夥伴扮演值日生；凡至門店消費出示教師身分，即可享有消費優惠 ·電影、展覽、電視劇合作：《血觀音》、新海誠展、《麻醉風暴》

開店計畫 STEP

2005年 7月	2009年 6月	2013年 8月	2015年 1月	2016年 3月	2016年 5月
成立首家門市「台中向心店」	正式對外開放加盟	台灣服務據點突破 100 家	台灣服務據點突破 200 家	海外展店元年：成立香港門市	成立上海辦事處

2017年 3月	2018年 6月	2018年 7月	2018年 9月	2018年 12月
成立上海首家直營門市	成立新加坡樟宜機場門市	成立美國加州、日本東京新宿門市	成立日本東京丸之內門市	成立越南門市

挖掘市場缺口，殺出茶飲新藍海
國內外市場並行，將效益發揮到最大

文／余佩樺 攝影／Peggy 圖片暨資料提供／一芳台灣水果茶 YIFANG TAIWAN FRUIT TEA

店面的裝潢上偏向日式並帶點復古味道，木料、毛玻璃、花磚、長板凳、匾額、布簾……等，都是表現上重要的元素。攝影＿Peggy

一芳台灣水果茶
YIFANG TAIWAN FRUIT TEA

競爭激烈的市場環境下，具差異化才能有機會被消費者看見。「一芳台灣水果茶 YIFANG TAIWAN FRUIT TEA」，成功找出手搖飲市場的缺口，在一片單品茶飲、奶茶的飲品中，推出水果茶，明確地與其他品牌做出區隔，也殺出茶飲新藍海。

Brand Data

2016 年品牌正式成立，支持台灣在地精神，並堅持使用好的原物料來製作各式飲品，挖掘本土在地水果、食材與茶葉的風味，也加深茶飲的健康性。

從台中豐原發跡，成立於 2016 年的一芳台灣水果茶 YIFANG TAIWAN FRUIT TEA，這一路走來並非偶然，正因看到台灣餐飲業的問題以及消費者的需求，進而催生出訴求健康、新鮮的茶飲品牌。

若將時間再往回推到 2015 年，當時的茶飲市場正好爆發出原物料問題，倘若再往前拉一點，亦有諸多的食安問題讓民眾感到「食」在不安心，也開始對於食物的成分來源、製作過程變得更加重視，因此「如何食得安心」，成為一芳台灣水果茶 YIFANG TAIWAN FRUIT TEA 創辦人柯梓凱構思打進飲品市場中所切入的重要主軸。

產品有好的訴求固然重要，但能被消費看見更是關鍵。進入手搖飲產業的下一步便是要找出差異，墨力國際股份有限公司行銷處經理柯力心談到，「當時嘗試在尚未被滿足的飲品需求中尋找，正好發現到市場未出現以新鮮水果製作的水果茶飲，於是創辦人回想起童年奶奶親手熬的水果醬，便將新鮮水果結合茶飲，同時也以奶奶『一芳』為發想，品牌於 2016 年正式問市。」隨著「一芳水果茶」的推出，找到品牌自身定位，亦在競爭市場中也有了清晰的識別度。

以傳統鳳梨醬為基底，搭配台灣在地新鮮水果

柯力心表示，當時創辦人的奶奶為了要保存過熟剩餘的鳳梨，將其製作成鳳梨醬，加些水就能變成解渴的鳳梨水，對創辦人而言味道簡單卻印象深刻，

墨力國際股份有限公司行銷處經理柯力心。攝影＿Peggy

便決定以這鳳梨醬作為水果茶基底。而今也延續奶奶古早的製作，僅用單一產區 2 號砂糖與秘方水果共同熬煮，不另加其他添加物，「飲品中含有過多的添加物，對身體而言都是一項負擔，因此就此堅持。」

　　既然找到這個市場缺口，想帶出的不只水果茶飲，還想將台灣的好水果、好食材發揚出去。「台灣是水果王國，每季有盛產不同的水果，選擇加入當令水果，亦能加深民眾對水果茶飲的安心與信任。」水果茶飲中，茶是重要的靈魂人物，有別於市場多以紅茶為基底的果茶飲，一芳台灣水果茶 YIFANG TAIWAN FRUIT TEA 選擇以松柏嶺青茶為主，淡淡的茶清香與水果混合，保留茶原本的清爽甘甜，亦能同時喝到鳳梨、水果自身的鮮甜。

　　雖說相關原物料都經由總部嚴選、把關，但為了讓整體品質更優良，特別在今年與中興大學進行產學合作，成立了品管檢驗室，主要作為公司內部自主檢驗的一環，以確保所提供的原物料，甚至到後端的飲品等，品質都是穩定的。

開放式廚房、復古懷舊裝潢立下新意

　　除了飲品本身讓人食得安心，品牌也透過不同的店面設計加強健康印象。柯力心說，食品安全與製作環境一直是消費者顧慮的問題，特別在店面納入開

店面納入開放式廚房概念,並直接將鍋爐搬至前台,藉由清楚展示飲品的製作過程,加深消費者的安心與信任。
攝影　Peggy

放式廚房概念，並直接將鍋爐搬至前台，一來環境通風、乾淨，二來也能清楚展示飲品的製作過程，能有助於獲得消費者更多信任；另外，飲品中使用到的新鮮水果、脆梅等，也都清楚展示在層架上，用另一種透明公開方式，讓顧客對於喝下肚的原物料、成分能更加放心。

　　店面裝潢上，也回溯到創辦人奶奶那個年代，所以設計上可以嗅到具備些許的歷史背景，另也盡可能去找到當時早期台灣常用的材料，木料、毛玻璃、花磚、長板凳、匾額、布簾……等，共同打造之下，呈現出帶點復古、懷舊的味道，也打破過往對手搖飲店鋪的印象。從水果、茶、空間設計，皆與台灣在地牢牢扣合，加深消費者對品牌、產品、在地等元素的連結。

國內、海外市場選擇同步進行布局

　　一芳台灣水果茶 YIFANG TAIWAN FRUIT TEA 進入手搖飲產業時，其市場已相當競爭了，能突圍而出除了品牌、產品均有明確的定位外，另一個也跟他們施展國內外市場並行發展策略有很大關係。

　　品牌自 2016 年 3 月成立便同步開放加盟，隨後開始走出台中，並在 6 月於台北成立門市，隨即也在福建開出第一間門市；緊接著時間相隔約 1 年左右，2017 年 8 月便在澳門展店，截至 2019 年 2 月，全台門市共 177 家，大陸門市共 986 家，海外門市共 80 家。柯力心分析，台灣擁有如此豐厚的水果資源，一芳獨特的水果茶飲，能夠讓各地不同的人品嚐到屬於台灣在地的滋味，剛好再一次切出國外手搖飲的市場需求，正是陸續吸引大陸與其他海外國家紛紛邀約進駐的原因。

推出聯名合作杯款、周邊商品，不斷在市場掀起話題

　　正因台灣有充沛的水果與食材資源，品牌也不斷挖掘成為飲品物料的可能。像是產品線中「金峰洛神檸檬」、「九如檸檬青」就分別使用台東金峰鄉

走出海外市場，一芳台灣水果茶 YIFANG TAIWAN FRUIT TEA 也因應當地環境做了不一樣的店型設計，像是越南河內、胡志明市的分享均設有座位區，讓消費行為更貼近需求。圖片提供＿一芳台灣水果茶 YIFANG TAIWAN FRUIT TEA

（圖左）此為「一芳水果茶」，台灣年銷售近 500 萬杯；（圖右）此為 2018 年 12 月所推出的「大甲芋頭鮮奶」飲品，推出受到好評，成為品牌全品項銷售排行榜前五名。攝影＿Peggy

洛神與屏東九如檸檬結合茶而製成，共同創造出食材與茶飲的新意。於 2018 年 12 月所推出的「大甲芋頭鮮奶」飲品，則使用台中大甲芋頭製作而成，去頭去尾只使用中間品質好的部分，搭配在地小農鮮乳製作，推出受到好評，成為品牌全品項銷售排行榜前五名。

另外，也可以看到品牌試圖透過跨界聯名合作，從不同層面帶給市場更多的新意。像是 2018 年第二季與卡通「櫻桃小丸子」聯名合作，促使全台整體業績成長 3 成以上；第三季推出了「我們在島嶼朗讀」的活動，茶飲與文學的跨界合作，將華語文學大師經典作品，呈現在手搖飲杯貼上，讓手搖飲料吹起一股新文青潮流；第四季則又攜手與卡通「哆啦 A 夢」聯名，同樣也是造成市場上話題不斷。柯力心表示，「聯名有其擴散效益，但仍訴求與品牌價值、核心相近的合作夥伴，如此才能創造出有意義的效果與反饋。」問及接下來的合作計畫？柯力心語帶保留：接下來將有新的行銷策略推出，請拭目以待！

店鋪營運計畫表

品牌經營

品牌名稱	一芳台灣水果茶 YIFANG TAIWAN FRUIT TEA
成立年份	2016 年 3 月
成立發源地／首間店所在地	台灣台中／台中館前店，台中科博館對面
成立資本額	不提供
年度營收	不提供
國內／海外家數佔比	台灣：177 家、大陸：986 家、海外：80 家
直營／加盟家數佔比	直營：7 家、加盟：170 家
加盟條件／限制	需 2 人以上專職經營，對經營飲料事業有熱誠，身體健康，信用良好，需接受總公司專業培訓、通過考核始可開業，開店地點須與總公司共同討論評估，需配合總公司指導管理與經營規劃，須設立商號，並辦理營業登記
加盟金額	NT.218 萬元
加盟福利	總公司完整教育訓練、新品上市教育訓練、行銷及營業規劃與資源提供、原物料購買協助。

店面營運

店鋪面積／坪數	約 12～15 坪
平均客單價	NT.105 元
平均日銷杯數	500 杯／單店
平均日銷售額	不提供
總投資	不提供
店租成本	不提供
裝修成本	包含在加盟金內
進貨成本	不提供
人事成本	不提供
空間設計者／公司	不提供

商品設計

經營商品	一芳水果茶、鮮奶茶、台灣古早味飲品、當令盛產鮮果飲品
明星商品	一芳水果茶、黑糖粉圓鮮奶、台灣甘蔗青茶
隱藏商品	無
亮眼成績單	・全品項飲品，全球年銷 2 億杯以上 ・一芳水果茶單一飲品，台灣年銷近 500 萬杯 （此數字不含大陸及海外）

行銷活動

獨特行銷策略	・一芳水果茶新開幕門市，午間及晚上指定時段，中杯水果茶 1 元，限量 100 杯（1 人限購 1 杯） ・2018 年第一季與電影《幸福路上》合作，推廣台灣在地幸福滋味；第二季界與卡通《櫻桃小丸子》聯名；第三季推出「我們在島嶼朗讀」茶飲與文學跨界活動；第四季與卡通《哆啦A夢》聯名

開店計畫 STEP

2016年 3月	2016年 6月	2016年 6月	2017年 8月	2019年 2月
台灣首間門市成立並同步開放加盟	台灣第一間加盟門市成立（台北）	大陸第一間門市成立（福建）	海外第一間門市成立（澳門）	全台門市共 177 家；大陸門市共 986 家；海外門市共 80 家

以鮮乳突破味蕾，闖出市場一片天
從叫好不叫座，到全台家數衝破 200 大關

剛開幕的迷客夏永康店，維持店裝該有的綠、咖啡、灰 3 色基調，但嘗試加入不同材質，像吧台立面便以木棧板呈現，玩出空間新感受。攝影＿王士豪

文／余佩樺　攝影／王士豪　資料提供／迷客夏

迷客夏

自 2007 年成立首間「迷客夏」時，創辦人兼董事長林建燁便堅持提供不使用添加奶精的飲料，改以鮮乳取代，逐步突破消費者味蕾並受到喜愛。從當初的叫好不叫座，而今全台家數也已突破 200 大關，大陸、香港、澳門也相繼進駐。

Brand Data

2007 年正式成立，品牌自創立以來便
在原物料的使用上嚴格把關，不販賣以
奶精製成的飲品，珍珠亦採用無添加色
素、不含防腐劑的透明珍珠，藉由提供
健康、天然、手作的飲品，讓人們能安
心飲用並不造成身體負擔。

因緣際會下，林建燁頂下了間茶飲店，結下往後創立手搖飲店的機緣。2007 年，他開了第一家「迷客夏」，店名直接由英文 Milk Shop 翻譯而來。有了過去「綠光牧場」的經驗，讓他一直在思考產業優化的問題，既然選擇重新再開始，那就要跟先前有所不同。於是從「迷客夏」開始便決定不販賣添加奶精的飲品，同時也使用未經染色的透明珍珠。

業績從一開始不好到後期緩慢爬升，同時也開始有人注意到迷客夏的品牌，成立不到 1 年就有人想加盟。「那時對於有人喜歡自己品牌覺得很感動，既然喜歡就讓他掛名開店，同時還教授如何製作飲品……」不過，現在的林建燁回想當時這樣的決定其實並不理想，「第一產品線既不完整、訂價策略亦有問題，更沒有所謂的倉儲物流，最重要的是這品牌本身也不具備力道……」因此前期所開設的分店，面臨叫好不叫座的情況。

直到遇到了現任的迷客夏總經理黃士瑋，「轉機」才開始。黃士瑋回憶，「那時台南佳里店一開我就去試喝，口味不錯也是我所喜歡的。」但是店的所在位置，卻讓他產生能否生存下來的疑慮，「沒想到 1 年後店竟然還存在，便激起了我想加盟的念頭……」他進一步談到，「除了口味，再者是佳里店開始有加入店面設計，與一般的飲料店很不一樣，促使我想嘗試看看……」

然而先前對店址感到存疑別無原因，原來在進入到迷客夏之前，黃士瑋擔任的是超商展店經理一職，專門進行展店業務，對於店面有一定敏銳度。「過去訓練的關係，地點選擇相當重要，這不只影響後續成本攤提，能否發揮產品

的回轉率亦是關鍵。」所以當他決定加盟後，首間店便設在麻豆區，且為三角窗店面，除了租金成本，亦投入了不少資金在店裝上，讓人不禁好奇，未曾擔心嗎？他笑說，「還是會啊，承租下去的第一天就開始在擔心了。」不過，過去的經驗也證明了他的選址眼光，開店頭一個月就賺錢，同期共有 6 間手搖飲店在競爭，但到後來都相繼消失。「以前消費者沒得選，可是一旦有了比較，差異自然就出來了。」他補充，「兩間店同時開在那，產品、店裝都具有相對的優勢，沒有理由客人不來你這裡買；當初單純只是突破傳統茶飲形式的想法，而今，也成為消費者愈來愈在意的一部分。」

除了三角窗店面準則，客層結構、停車便利性亦是重點

黃士瑋首間加盟店的成功，也促使他與林建燁再合資開店，林建燁談到，「他從投入的第一間店就賺錢，對於選址、裝潢也很有想法，最後便邀請他加入創業團隊。」

進入迷客夏團隊後，黃士瑋亦持續發揮他的展店所長。可以看到在展店上有他一定的思維，在前 30 ～ 40 間店設立時，非商圈中的三角窗店面不可，以十字路口的三角窗為例，即能匯集 2 條馬路交匯的人流，自然杯數也能賣得比較多。「為了找到商圈中好的三角窗店面，花了不少時間在等待，這也是為什麼我們初期展店較慢的原因。」不過到了後期，陸續往台南以往外的城市拓點時，面臨城市地狹人稠的問題，於是開始往平面店做發展，像是台南中華店、台北興隆店的成功經驗，都讓團隊們意識到商圈對了、客源對了，其實就有做起來的機會。後期開始不再堅持非三角窗店面不可，也逐步朝平面店發展，加速展店與布局的速度。

黃士瑋的選址邏輯中也會評估人流、客源，例如所選的地點的住戶數與組成結構，其中會再細探討住戶的年齡層、消費能力等，他解釋，曾經有開店在年齡層比較底的區域，效果反而沒有那麼好。再者好不好停車亦是關鍵，因為買手搖飲的人多半是買了就帶走，並不會特別開車慕名前來，倘若停車不方便，很可

（左）迷客夏總經理黃士瑋、（右）迷客夏創辦人兼董事長林建燁。攝影 王士豪

空間裝飾上加入乳牛意象的元素，讓設計能與品牌精神相呼應。攝影 王士豪

能就會降低前來的機率；另外，明顯度也很重要，這是讓客人會不發現品牌的一大因素，可以在路上明顯看到、發現到，就有可能透過眼球目光，引客上門。

店型不斷調整滿足時下打卡需求，設備改善優化工作流程

在這個注重眼球消費的時代，迷客夏亦在店裝上下工夫。林建燁表示，希望店的成立能作為城市美好風景的一部分，用裝潢來美化，並利用設計帶出牧場意象，像是招牌中加入人工草皮，或是在吧台立面使用了木頭材質，就像為城市多種一棵樹般，喚起人們對牧場草地、土地的記憶。到了後期則出現變化，黃士瑋談到，為了讓消費者到每間店有不同的感受，在基調不變下嘗試新材質，像是台南麻豆店的吧台立面就是以黃銅為主，透過不同的質感讓店面更加精緻與細膩；又或者剛開幕的台南永康店就嘗試設置了網美牆，滿足時下年輕人讓拍照打卡的渴望。

設計除了吸引眼球目光，也跟操作便利性、順暢度習習相關。像是依據坪數大小配置雙或單動線（即前者生產線 2 條、後者為 1 條），盡量保持足夠的轉身、過道空間，忙碌時也不會影響到茶飲的製作動線。林建燁指出，吧台設備的設計對於製作上多少也會有影響，過去也曾計算出製作飲料的所需秒數與步數（以單茶為例，最佳製作時間為 7 秒，最佳移動距離為 3 步內），若設備配置的位置不理想，造成人員在製作茶飲時行步數太多，一來人的疲勞度會加深，二來也會浪費製作時間影響出杯速度。林建燁進一步談到，今年農曆年後

因應時下年輕人打卡風潮，此店面在設計時也加入「網美牆」的概念，讓民眾可在這拍照打卡。攝影＿王士豪

迷客夏將乳牛圖像用於包裝設計上。攝影＿王士豪

公司內部的教學中心便會開始啟用新型的活動式吧台，先以銷售前 20 名的商品來做測試，為的就是要讓製作過程、速度更佳理想化，既不影響品質也減少顧客等待飲品的時間。

研發不同族群皆能飲用所適乳品，慎選合作方式做不同的推廣

有了黃士瑋的加入後，林建燁說自己就能更專心投入在產品的品保與研發上。在 2012 年成立了「迷客夏品牌創研中心」，他談到，由於我們使用了很多農產品，不只會受到季節，工續加工等也會產生變化，成立原因之一便是希望能顧好產品品質，這樣消費者飲用才能更加安心。值得一提的是，為了讓乳糖不耐症的消費者也能享受到適合體質的乳飲，也研發出一系列的取自台灣原生豆的豆漿飲品，如「紅茶鮮豆奶」，喝了不用再怕身體會感到不適，也能品嚐豆乳奶茶的好滋味。

為了讓更多客群能觸及更廣，迷客夏也不斷地在當試多元的異業合作。黃士瑋認為，異業合作為的就是要創造 1+1 大於 2 的效果，加深品牌印象也有助銷售。因此除了在找尋理念契合的異業（如：銀行、運動賽事）進行合作，也試圖突破法則，就像在 2018 年以牧場冰淇淋系列產品進打入超商連鎖通路，不斷帶給消費者驚喜，也為自身開創新通路。

在台成立初期全台僅 10 餘家店，年年成長下，如台灣家數已突破 200 家。面對市場林建燁不敢求快，因為他知道品牌剛開始的艱辛，雖然市場會不斷地更迭換代，但他始終相信健康訴求是不會變的趨勢，接下來仍持續堅持從產品、製成面持續優化，創造出更多健康、好喝的飲品。

店鋪營運計畫表

品牌經營

品牌名稱	迷客夏 Milk Shop
成立年份	2007 年
成立發源地／首間店所在地	台南佳里區
成立資本額	約 NT.100 萬元
年度營收	不提供
國內／海外家數佔比	台灣：211 家、海外：22 家（統計至 108 年 2 月）
直營／加盟家數佔比	直營：177 家、加盟：34 家（統計至 108 年 2 月）
加盟條件／限制	25 ～ 50 歲、資金獨立運作者、專職經營
加盟金額	約 NT.320 萬元（含原料費用）
加盟福利	複數店優惠、商圈保障

店面營運

店鋪面積／坪數	約 22 ～ 30 坪
平均客單價	約 NT.45 ～ 55 元
平均日銷杯數	約 600 ～ 900 杯
平均日銷售額	約 NT.3 ～ 6 萬元
總投資	約 NT.350 ～ 400 萬元
店租成本	約 NT.5 ～ 10 萬元／月
裝修成本	約 NT.150 ～ 170 萬元
進貨成本	約 NT.40 ～ 60 萬元／月
人事成本	約 20 ～ 28%
空間設計者／公司	迷客夏國際股份有限公司

商品設計

經營商品	單茶、鮮奶系列飲品、手作特調及豆漿飲品、瓶裝綠光鮮奶
明星商品	珍珠紅茶拿鐵、大甲芋頭鮮奶
隱藏商品	黑糖檸檬、檸檬綠茶
亮眼成績單	總部與加盟店共同發起綠光公益計畫，消費者單筆購買 6 杯，迷客夏就捐約 NT.6 元給公益機構，3 年捐款突破約 NT.1,830 萬元（平均每年捐款超過約 NT.600 萬元）

行銷活動

獨特行銷策略	品牌衍伸商品，拉抬品牌聲量： ・7-11 ibon 迷客夏冰淇淋、迷客夏法芙娜可可蛋糕 ・FNGx 迷客夏公益合作寶特瓶／塑膠杯回收再製杯套
異業合作策略	異業合作資源交換： ・喝新品綠豆沙即招待線上看電影「迷客夏 x myVideo《好牛影展》」 ・ECOCO 環保投瓶回收做公益，即可享迷客夏飲品 NT.10 元優惠

開店計畫 STEP

2004年	2007年	2012年	2013年	2017年 2月	2018年
成立第一家鮮奶門市「綠光牧場主題飲品」	成立「迷客夏國際有限公司」	成立「迷客夏品牌創研中心」	開放迷客夏加盟連鎖	以「菓然式」進入大陸市場	以「Milksha」進軍海外市場

永保初心，體現東方人文飲茶思維
堅持傳統、鼓勵開創，成就經典品牌

春水堂原先以販售茶葉、茶具起家，1983 年才正式跨足茶飲市場，創始店就砸下重本裝潢，選用大量實木、金屬及鐵件等精雕細琢，相信誠意十足地設計堅持顧客也能感受到。圖片提供＿春水堂

文／高子涵　攝影／王士豪　資料暨圖片提供／春水堂

春水堂

「春水堂」於 1983 年創立，迄今已邁入 36 個年頭，創辦人劉漢介堅持東方獨特之茶飲思維，提倡將生活四藝，插花、掛畫、音樂以及文化呈現於店鋪之中；同時，結合西式吧台之供應形式，將傳統熱茶轉變為冰涼甜茶販售，努力推廣茶冷飲化，也成功開創出冷飲茶之全新潮流。

Brand Data

春水堂由劉漢介創辦,以古為本、以新為體,創立於 1983 年,店內販賣冷飲茶,採西式吧台供應形式,融合東方傳統茶飲思維,引領劃時代的茶文化革命;目標讓茶融入生活、讓生活處處有茶,品牌深耕至今,已成為台灣經典茶飲代表。

「我們最初是從賣茶葉、茶具起家。」談及創業契機,春水堂協理劉彥伶解釋,經典茶飲「泡沫紅茶」並非家中主業,甚至也未曾想過經營飲料市場,之所以開創研發,全是父親為了解決茶葉供應需求問題,應運而生的想法,她說明,「台灣的高山茶 4、5 月賣春茶,11、12 月賣冬茶,在 7、8 月夏季時節剛好沒有茶可以賣,為了解決夏季飲茶的需求,父親特意走訪大阪,將盛行於日本「喫茶店」啜飲冰咖啡的文化帶回台灣,泡出冰涼的泡沫紅茶。」憑藉對茶葉的深刻了解及堅持,採以純紅茶茶葉泡茶,口味與帶有中藥、決明子的古早味紅茶大有不同,讓「飲茶」從此更多樣化、年輕化。

除了飲品的創新研發,採用西式吧台的供應形式也在當時形成話題,成為春水堂的一大特色,劉彥伶認為,外帶的販售形式之所以獲得好評,是由於傳統茶飲儀式性的步驟繁複,年輕人相對接觸困難,引進西式吧台正好解決了這個問題,「喝茶其實有點麻煩,比起品嚐內容,更像是一種儀式,還得搭配茶具依序進行,當時,我們開始思考有沒有其他方式可以供應中式茶,讓年輕人也願意接觸、感受,甚至愛上喝茶。」保留了傳統茶葉的香氣滋味,去除品茶的繁瑣步驟,春水堂成功將飲茶文化,以更親切的姿態融入大眾的生活中。

完整消費體驗,長遠深耕地方

另一方面,春水堂也始終以「提供完整消費體驗」為經營目標努力,劉彥

伶回應，「我們相當重視空間氛圍、人文服務以及產品內容……等面向，每間店也是以創造舒適的環境作為核心思考、設計。」這樣的堅持，具體展現於春水堂的店鋪設計中，她進一步說明，「我們一定會有端景、轉折以及特殊的插花點。」充滿轉折是為營造柳暗花明又一村之感；插花點嚴謹地穿插於各角落，是期待借鏡自然於室內中，透過精準的細節堆疊，春水堂將東方人文、建築的重要思維活用於用餐空間中，不但使環境格外富含詩意，也成功塑造東方茶飲指標性的地位。

　　打從春水堂創立之初，就秉持對整體空間的高度的堅持，投入大筆裝潢費用，採用實木、鐵材以及金屬元素精雕細琢，甚至後來花費 3 年時間才取得收支平衡，開始回收裝修時投入的資本。提到開店策略，劉彥伶表示：「需要投資多少資金開 1 間店，端看最初對經營的想法，經營 3 年或甚至 10 年的思維

春水堂協理劉彥伶認為，面對競爭激烈的手搖飲市場，堅持初衷更為重要，期待春水堂持續堅持品質、優化服務，努力成為大眾生活的一部分。攝影＿王士豪

春水堂以長遠的策略經營每一間店，並期待與當地人建立深刻的互動交流，以成為大家的客廳及廚房作為目標努力。圖片提供　春水堂

完全不同，如果想經營 10 年以上，要反問自己，現有的設備可以撐多久？多久換一次？我們都希望能長遠的經營，也相信做出認真經營的態度，客人是能感受到的。」春水堂最初就以長遠經營的策略深耕地方，成為建立與客人之間深厚情誼的重要關鍵。

鼓勵新品開發，重視服務現場

在產品內容上，春水堂選用斯里蘭卡的圓葉紅茶、自家生產的蔗糖，以及不含防腐劑需低溫製作、冷凍運送的珍珠製成，透過嚴謹態度為經典飲品「珍珠奶茶」的品質層層把關。除了堅持經典飲品的原料及製程，亦同時鼓勵、開發新產品，劉彥伶分享，「我們的商品創意並非神祕的研發部，而是固定舉辦內部比賽，讓員工可以自由參與、分享新品創意。」她相信，創意來自於現場，透過比賽的方式能夠提升員工的參與度，也真的因此成功研發許多別具特色的飲品，例如：「觀音吉祥」、「鳳梨冰茶」以及「烏金狀元」……等。

此外，春水堂的經典飲品「珍珠奶茶」，亦早已成為台灣手搖飲文化的重要代表，對此，劉彥伶表示，春水堂也樂意向世界各地前來的觀光客分享飲茶趣味，「我們在 6、7 年前開始跟觀光局合作推動『珍珠奶茶 DIY 手搖體驗』課程，

讓前來深度旅遊的背包客可以藉由參與活動，了解珍奶如何製作、以及背後的發展故事。」劉彥伶也表示，觀察到近 2 年親子活動盛行，也為小朋友量身打造「小小調茶創意家」活動，讓小孩親自設計自己愛喝的飲料，「茶飲本身變化很多，可以加入牛奶、粉圓等，其實就是讓他們嘗試發揮想像力的事情，變出很多東西。」春水堂不僅專注商品內容本身，也努力連結在地文化、落實推廣工作。

回歸服務層面討論，劉彥伶表示，「服務的原則其實很簡單，希望跟客人就像是朋友一樣，我們也都跟店長說你就要像老闆一樣，當成是你自己的店，怎麼招待朋友，就以同樣方式招待客人。」春水堂不以貴賓稱呼光臨的客人，而是鼓勵要向招呼朋友般的服務，將「親切卻不制式」作為服務哲學，營造出輕鬆舒適的顧客關係，她補充說明，「我們的客群區分為滿多類型，固定每天早上來的就是同一批人、吃一樣的東西，所以我們鼓勵員工認識客人以及他們吃甚麼、坐哪裡，給予一種 VIP 服務，員工客人間也都彼此認識，會形成不一樣的歸屬感。」

春水堂引渡宋朝生活文化的茶飲思維，將東方獨有的特色具體呈現於店鋪設計之中，並將堅持餐點品質、注重人文交流作為品牌核心理念，強調提供完整消費體驗的重要。圖片提供＿春水堂

春水堂將傳統熱茶轉變為冰涼甜茶,搖出第一杯冷茶
「泡沫紅茶」,開創冷飲茶的新潮流;並將粉圓與冰
奶茶、檸檬紅茶做融合與調配,多重風味深受喜愛。
圖片提供_春水堂

春水堂每 3 年舉辦內部「創意冷飲品質鑑定競賽」,
鼓勵員工發揮創意,經過專業評估調整、上市販賣,
推出期間限定創意飲品。圖片提供_春水堂

回歸初心經營,走入大眾生活

提及未來擴店規劃,劉彥伶表示,營運主力仍會放在台灣地區,「近年來都會區仍持續在擴展,我們的目標是想要走進大家的生活,所以只要是人口密集的地方,我們就願意持續發展,提供好的服務跟空間。」春水堂深耕在地,尤其重視與當地之間的互動連結,以安心、用心的形象持續展店,目前全台已有 49 間門市,海外則有 14 間,且預計今年會在日本開設 2 間店、香港 1 間,穩扎穩打的經營策略,使其已成為相當具有指標性的人文茶館品牌。

面對競爭激烈的手搖飲市場,劉彥伶認為比起隨市場需求改變定位,回歸初衷思考更重要,「雖然大家會一直希望推新商品,可是推出來後,還是只點之前吃的,很難轉換,也因此空間環境是否舒服、餐點是否安心、家常,對我們來說更重要。」春水堂以「成為大家的客廳及廚房」作為品牌最終之目標努力,保有創立初心,堅持餐點品質、注重人文交流,是其能歷久不衰的關鍵要素。

店鋪營運計畫表

品牌經營

品牌名稱	春水堂
成立年份	1983 年
成立發源地／首間店所在地	台灣台中／台灣台中西區四維街
成立資本額	不提供
年度營收	不提供
國內／海外家數佔比	台灣：49 家（預計 6 月開幕第 50 間）、海外代理：14 家
直營／加盟家數佔比	直營：63 家；皆採直營，無加盟
加盟條件／限制	皆採直營，無加盟
加盟金額	皆採直營，無加盟
加盟福利	皆採直營，無加盟

店面營運

店鋪面積／坪數	70 ～ 80 坪
平均客單價	NT.250 ～ 280 元
平均日銷杯數	約 850 杯
平均日銷售額	約 NT.15 ～ 20 萬元
總投資	不提供
店租成本	不提供
裝修成本	不提供
進貨成本	不提供
人事成本	不提供
空間設計者／公司	均由春水堂自家設計總監規劃設計，並有固定配合的裝修廠商

經營商品	單茶飲、文人茶、茶食點心、飯／麵食
明星商品	珍珠奶茶、招牌紅茶、功夫麵、招牌滷味豆干米血
隱藏商品	無
亮眼成績單	1 年賣的珍珠奶茶可以蓋 3 棟 101 大樓

行銷活動

獨特行銷策略	平日中杯飲品均 85 折
異業合作策略	與臺中市文化局合作，結合在地詩人推出「詩文杯套」，將 15 位詩人作品印製在限量背套上。靈感來自台灣人「愛喝飲料」，而文學創作動力來自生活，飲食則是生活中不可或缺的日常，將文學閱讀與飲品跨界結合，提升臺中在地文學家知名度及在地品牌文化形象，民眾邊喝熱飲邊讀詩，暖胃也暖心，亦與文學更貼近

開店計畫 STEP

1983年 5月
台灣台中創立陽羨茶行

1997年 1月
台中朝富店開幕，作為旗艦店接手企業教育訓練責任

2011年 10月
桃園二航店開幕，正式入駐國際美食場域，向國際旅客行銷台灣珍珠奶茶

2013年 7月
日本代官山店是日本春水堂 1 號店，為展望國際向前邁進

2014年 3月
日本表參道 3 號店開幕，為日本春水堂的旗艦店

2014年 10月
日本飯田橋 4 號店開幕

2017年 4月
阪急西宮店開幕，進軍日本關西第一間分店

傳統價值、創新經營，重新擦亮半甲子品牌形象

啜飲茶湯之餘，盡享服務、品味設計

文＿李奕霆　攝影＿王士豪　資料暨圖片提供＿翰林國際茶餐飲集團

走進「台南南紡購物中心店」，映入眼簾的是明亮通透的寬敞空間，以及新穎時尚的現代設計，不論是以茶罐陳設為造型的半通透隔間，或是大面植生牆，皆擺脫了傳統茶館予人單調昏暗的刻板印象。攝影＿王士豪

翰林茶館

創立於 1986 年的「翰林茶館」，以結合茶飲與台灣料理的複合式商空，廣獲國人青睞，成為休閒聚會的熱門去處；目前全台門市已突破 70 家，2016 年起亦積極布局海外，先後登陸美國舊金山、洛杉磯及香港等地，逐步將傳統東方飲茶文化之風吹向世界各角。

Brand Data

創立於 1986 年，為國內老字號餐飲品牌，以打造結合了優質茶飲與台灣創意美食的複合空間著稱。其名「翰林」，意在傳達「文學之林，是文翰薈萃所在」的人文精神，使傳統茶館更添一股當代風華，傳遞生活美學的品味與溫度。

欲回顧翰林茶館這 32 年的悠遠發展歷程，恐怕得話說從頭，由創辦人兼董事長涂宗和的故事開始談起：涂宗和出身台南學甲，過去曾開設藝廊，因經常泡茶待客，逐漸與茶文化頻繁接觸，也發現到品茗的過程恰與繪畫類似，需長時間投入、沉澱、醞釀，遂一頭栽進茶的世界，甚至超越原本對藝術的興趣；最後索性移居山林，親至南投茶鄉鹿谷學習製茶、焙茶，從此與茶結下不解之緣，進而在 1986 年成立翰林茶館。

也正因為涂宗和懷有對於茶專業知識的深刻理解，明白面對原物料品質絕不可輕易妥協，遂將大部分技術掌控於總部，協力廠商亦皆經嚴格篩選把關，如慣用的粉圓便與製造商簽署專屬合作配方，堅持不含防腐劑及人工添加物；茶葉更是不假他人之手，來自與國內優質茶農契作，再由總部自行焙製，造就品牌一路走來成功挺過食安風波，深受消費者認同信賴。

品質服務本位，挖掘潛力客群

針對固定菜單外的新品研發，累積多年經驗的翰林茶館不論在飲品或餐點設計上，皆發展出 SOP，由編制內的專責單位及試吃小組擔綱，經向高層提案、密切討論產生初步共識後，再與營運主管交流意見，並統合所有問題作調整，

推開翰林茶館「文化店」大門，由流水、燭光、竹製格柵引路，搭配內裝的天然木竹紋肌理，佐以榻榻米、造型燈飾、溫暖爐火與懸垂而下的鐵壺等元素，感受日式禪風獨有的靜謐美好。攝影＿王士豪

於北中南各遴選 1 家門市進行至少為期 1 個月的試售，視顧客反應及回饋來決定是否正式上市。

因應市場脈動與消費者的喜好變化，翰林茶館期許研發部門每季都能產出最少 1 項新品提案。不過，翰林國際茶餐飲集團開發部經理黃政賢也強調，彈性滿足顧客所需固然重要，但其初衷萬不可迷失；手搖飲萬變不離其宗的便是茶的品質，因此在與時俱進、求新求變之餘，持續鞏固原始最純粹經典的長銷商品仍是關鍵。據他觀察，國人的飲茶習慣與風氣早已內化於日常生活，未來手搖飲產業的趨勢只會更日益蓬勃，但致勝心法還是須回歸經營之道，以及對於自我的堅持是否能有清楚定位。

身為營運已超過半甲子的老字號品牌，翰林茶館的創新思維即展現在跨界結合的商業模式上，盡可能積極多方拓展合作單位，如近期與國立故宮博物院「俄羅斯普希金博物館特展」聯名推出 120 萬個外帶杯，民眾只要憑合作宣傳外帶杯即享門票 30 元折扣，而持展覽票根至翰林茶館各大門市則享內用、外帶餐飲 9 折優惠。黃政賢認為，異業結合能為彼此創造雙贏，一方面借重品牌自身的宣傳廣度替合作方爭取曝光，起行銷之效；另一方面則可協助品牌開發原本無法觸及的潛在客群。

分店據點廣布，瞄準隨機消費

　　長期深耕台灣的翰林茶館，於各大城市皆可見其蹤跡，無論是座落街邊路旁的獨立店型、百貨商場，抑或是機場、高鐵、公路休息站等大眾運輸設施，甚至連台北小巨蛋、宜蘭國立傳統藝術中心、高雄市立圖書館、鳳儀書院等公部門場域都有進駐，其版圖分布之廣，在一片餐飲紅海中趁勢突圍。

　　無可否認，據點選擇儼然成為一門學問，也是令許多手搖飲有志創業者最為頭痛、但偏偏又必須率先克服的一環。對此，黃政賢分享3個必知關鍵字，即「地點」、「人流」及「消費族群」。他解釋，所謂地點並非選在都市蛋黃區就能保證成功，還要考量其租金成本與自身的經濟條件、商品屬性是否能達結構上的權衡；再者，人流因為會受到不同區段、人潮動向及時間影響，有時必須仰賴土法煉鋼實際觀測，對於屬於隨機消費的手搖飲而言尤其重要；最後則是消費族群的釐清，反映當地是否有足夠的市場需求，並攸關產品的訂價策略，不可不慎。

　　至於店面的大小評估，黃政賢也提出了獨到見解，「手搖飲需要許多如紙杯、吸管、封口膜等的包材，雖然不重但很佔空間，對於店租成本將是非常大的負擔；如果條件許可，不妨將倉儲移往住處，僅保留點餐與飲品製備區。」然而相反地，若衡量交通成本後發現不太划算，那麼也只能另闢儲藏空間。

將與品牌高度連結的茶罐置放在「台南南紡購物中心店」的雙面隔間牆上，使其成為裝飾的一部分。攝影＿王士豪

「原創黑珍珠鮮奶茶」與「翡翠檸檬風味茶」為翰林茶館店內人氣明星商品。圖片提供＿翰林國際茶餐飲集團

設計力求整體，串聯視覺意象

　　一旦選點完成，便可著手設計，黃政賢按照翰林茶館的一般作業流程輔助說明——首先會拿到基地規制圖，了解其裝修限制與條件；接著利用平面圖安排設備的配置，再由總務部門詳列明細與規格，交由設計師繪製模擬圖，同時與總部確立方向，才進到更為細部的製圖，如立面、側面、剖面、高視圖等；最終，還要與營運部門討論，依其店鋪格局與動線經驗提供意見修正，進而展開施工，作為水電、木作、泥作……等各工班與監工的參考依據。

　　倘若進一步深究品牌設計，黃政賢則建議，建構起完整之 CIS 企業識別可說是一切的開端，亦有其必要，特別在新興獨立品牌的草創階段，可幫助消費者產生聯想、加深印象，方能脫穎而出；同時間從 LOGO、包裝到室內風格的表現，皆能依循此視覺脈絡，形塑一致性。

　　以翰林茶館的 LOGO 為例，其簡約線條的靈感取材自如意及茶葉造型，後者延伸出「一心二葉」之形意，訴求以茶起家、用心為本的經營理念；其嫩綠及仿金的主題色則演繹沉穩和諧的質感，除 LOGO 外，也常見於包材或是招牌與周邊宣傳品的使用，甚至還將其調性應用在空間美學之中，於各細微處盡顯隱隱禪意與人文哲思，再三為品牌植入感性符碼，兼具定義清晰的理性思考立基。

店鋪營運計畫表

品牌經營

品牌名稱	翰林茶館
成立年份	1986 年
成立發源地／首間店所在地	台灣台南市／台灣台南市中西區
成立資本額	NT.4,000 萬元
年度營收	不提供
國內／海外家數佔比	台灣：70 家、海外：3 家
直營／加盟家數佔比	直營：70 家、海外代理：3 家
加盟條件／限制	不開放國內加盟
加盟金額	不開放國內加盟
加盟福利	完整教育訓練、專人技術指導

店面營運

店鋪面積／坪數	平均 60 ～ 70 坪
平均客單價	內用：NT.900 ～ 1,000 元；外帶：NT.150 ～ 200 元
平均日銷杯數	外帶約 150 杯／單店
平均日銷售額	不提供
總投資	不提供
店租成本	不提供
裝修成本	不提供
進貨成本	不提供
人事成本	不提供
空間設計者／公司	不提供

商品設計

經營商品	茶飲、台灣創意家常料理、茶葉禮盒
明星商品	熊貓珍珠奶茶、翡翠綠茶、風味套餐、個人小火鍋
隱藏商品	無
亮眼成績單	珍珠奶茶獲選 2017、2018 年國慶酒會外賓接待飲品

行銷活動

獨特行銷策略	新店開幕活動：珍珠奶茶買 1 送 1 集點活動：集滿 5 點免費送 1 杯
異業合作策略	結合不同產業，推廣台灣茶飲文化，如春河劇團、國立故宮博物院「俄羅斯普希金博物館特展」、台北電影節、台灣世界展望會……等

開店計畫 STEP

1986年	2004年	2016年	2018年
成立首家翰林茶館	成立文宣部門，出版《台灣茶饌》專刊	成立首家海外門市：美國舊金山店	台灣門市突破 70 家、海外共 3 家

在了解這麼多手搖飲經營的概念與知識後，是否激發了你想創業、開店當老闆的念頭？如果答案是肯定的，那麼就藉由接下來的開店計畫逐一釐清其中的眉角與問題點，早日讓店面落成、夢想實現。

Chapter 04

手搖飲店開店計畫

開店計畫

想開店當老闆,得先體認到這項工作既辛苦又得承擔風險,除了擁有足夠的資金,還需要高度的熱情,甚至必須得親力親為投入經營。開一間店沒有想像中簡單,擬出以下幾個開店計畫中必確立的項目,在準備開店前,一一確認程中的每項環節,才不會因事前功課做不足、單憑一股衝勁,最後落得狼狼退場。

開店動機

想開一間店必定含括不同的想法,成立自己的品牌?想圓夢當老闆?無論哪一種都必須清楚「獲利」仍是主要目標,因為這是永續經營的必要條件!然而要營利則必須把「自我」放到後面,而是把「滿足消費需求、創造來店消費理由」擺前頭,如此一來,提供的商品、空間被消費者喜歡,進而才能有獲利,否則沒了獲利一切都會變成壓力。

經營型態

台灣手搖飲市場普遍來說以連鎖加盟、獨立店型經營為居多。若過去無開店經驗,對商品研發也缺乏專業,可先以連鎖加盟方式,加入具有

品牌信譽或市場利基的優質品牌,一般而言,加盟總部會提供一套完整的教育訓練、輔導,並提供必要的商品創新與後勤資源,可提高開店的成功率。即使想自創品牌,也可在先以加盟模式,提升對產業運營的熟悉度,在結束加盟合約後,再選擇開設獨立店。

了解定位

定位即在幫助品牌找到屬於自己的市場位置,投入前先問問自己如何與眾不同?價值與優勢在哪?才能挖出與別人不同的市場定位。例如「迷客夏」創辦人林建燁有酪農事業版圖,有設計背景的「鹿角巷 THE ALLEY」創辦人邱茂庭,則選以設計角度切入

市場，讓優勢奠定市場地位才能與眾不同。（詳見 P32 ～ 34）

清楚客源

當定位已被樹立後，即能知道自己鎖定的客源為哪一個層級。例如男性？女性？年輕族群？上班族？清楚客源後再去細探這樣的客群多落在哪個商圈？以及哪個商圈已開發成熟？哪個商圈又尚未被開發？進而找出可進入的市場標的。

投資計畫

就品牌加盟方式，加盟金內多包含設備、裝潢費用……等（依各家加盟條件有所不同），扣除這些還必須準備水電、人事、房租與押金、原物料……等費用，甚至預備金也要先行準備，建議至少準備 6 個月～ 1 年的預備金，以利撐過開前初期不穩定的狀態。

營運計畫

既然選擇開店便是希望獲利，投入之前一定要仔細評估假設投入後的損益平衡點，愈快達成愈能及早讓財務轉正。一定要給己壓力且擬定幾個獲利目標，例如一家手搖飲店到底每天、每月甚至每年要達到多少營業客，才能損益平衡？投資第幾年後要攤提完畢？第幾年後開始回收賺錢？另外，其間若有增追加投資的情況（如設備），一樣也要併入計算，因為這同樣也會拉長回收的年限。

Plan / 02

人事管理

人事成本在開設手搖飲店中，是一項佔比不少的支出。建議要做好相關的人力結構配置，隨時依時段做盤點，才能制訂出最有效率的人力配置，而不會形成人力浪費。

清楚了解人力需求

人力結構與服務容量有關，服務容量多寡又與所屬地點及預期營收相關；規劃人力結構前，可先估算在所屬地點 1 天能賣多少杯，然後再回推多少人力對於這樣的產出量是適合的。

從競爭店做分析

人力結構估算前，先找 1 家同業態的競爭店做分析，藉由他們的來客數、銷售杯數，了解該店人力狀況。找 1 天時間，自競爭店當日營業起，每小時買 1 次，再透過每小時 POS 機呈現出來的號數推算銷售杯數，整天下來便能約略算出該店的 1 天銷量。

離尖峰有不同人力配比

若該店 1 天可賣到 500 杯，則再去估算 1 天賣到 500 杯的人力結構，不過，銷售時段有離尖峰，其會再對應出不同的營收波動，找出波幅變動再依其進行人力盤點（即正職與兼職人員的配比），並配合生意的離、尖峰，為每個時段訂出最有效率的人力需求，才不會造成人力重疊。例如離峰時段配置 1 名正職人員，熱門時段則可以是 1 名正職人員，再加上 2 名兼職人員，以補充正職人員的不足。

人事費用切勿過高

人事費用通常是開銷中最大一塊，隨政府勞動薪資、時薪費用不斷調漲，目前手搖飲店的正職薪資約在 NT.25,000 ～ 30,000 元、兼職時薪則約每小時 NT.150 元，建議開一家手搖飲店的人事費用的安排切過高，不宜超過 20％。

資金結構

開設一家店有必須投入的資金費用，無論連鎖加盟、獨立店型，均必須要了解自己的資金結構，如此一來才會知道錢究竟花在哪？另外也利於後續損益評估時費用的攤提。

有效分配資金佔比

　　店租、人事、設備、裝潢、物料、水電……等，另外還有預備金，手搖飲有所謂的淡旺季（每年 4 ～ 10 月屬旺季、11 ～ 3 月為淡季），隨進入市場期的不同，若進入期為淡季的話，那預備金就要準備多一些。

費用佔比要拿捏好

　　開設手搖飲店，租金、人事、物料 3 者屬重要的佔比，在有穩定營收基楚下，建議租金成本不要超過總營收的 15％、人事成本勿高於 20％，物料則不要超過 30％。若能有效控制這些佔比，再扣除其他成本支出（如行銷、損耗等），才不會影響營收的表現，反觀沒有控製好，就容易出現成本失控進而造成嚴重虧損。

預備金準備

　　新開店家基本上都需要時間來培養客源，開業初期面臨營運的困境是非常常見的，因此開店除了需要準備相關開店費用外，一定要準備好預備金（包含最基本的人事、租金、物料、其他雜支費用等，以及裝潢費用的攤提）。

預備金至少準備半年以上

　　不少創業開店者都忽略預備金的準備，導致日後資金周轉上出現調度困難。

　　以開設一家店每月最基本必須支出的費用來計算：

租金費用 NT.100,000 元

人力費用 NT.120,000 元

物料費用 NT.80,000 元

　　開店一定會遇淡旺季，對營收應保守待之，對於預備金準備至要預抓 6 個月～1 年，若每月保守營收為 200,000 元，以預備金最低半年為例，至少就要準備 NT.600,000 元會比較保險。

Plan / 04

損益評估

經營一家店不能光從生意好、人流多就斷定有賺錢甚至賺很多，必須經由損益評估分析，營收扣除相關費用的攤提後仍有盈餘，才能判定是否有賺或者賺多少。

一定要有基本的損益概念

開一間店一定要有基本的損益概念，如此一來才能知道開這間店究竟能不能賺錢。（詳見 P46 ～ 47）

簡單版觀念

「營業收入－營業成本＝營業毛利」、再扣除「營業費用」剩下的就是「營業利益」，從這樣的結構可得出，當成本、費用愈高時，毛利自然就愈小。通常估算一家手搖飲店的營業收入，多以「營業收入＝來客數 × 客單價」公式來計算。

進階版觀念

進一步細究則以「營業收入＝來客數 × 客單價」做估算，其中「來客數＝過店數 × 入店率 × 成交率」

而「客單價＝購買件數 × 件單價」，藉由這幾個公式便可估算出該店的收入，進而再去扣除開店所必須投入的成本與花費，便能得知究竟店開在哪是否能夠賺錢。

勿忘變動成本

推算一家店的營業毛利時，除了必須投入的成本、費用外，另也建議要將變動成本（如不定時促銷、維修損耗……等）一併納入考量，這些都屬於隱性侵蝕毛利的因子，計算時必須將這些潛藏因素納入，把一些假象剔除才不會讓出現營收虛胖的現象。

物料倉管

手搖飲店鋪經營中原物料是重要的費用支出，建議經營者必須做好相關庫存的管控，才不易形成資金、資源上的浪費。

尋求可靠廠商

原物料費用在手搖飲的成本結構中佔比不小，就加盟形式來說，相關原物料多半直接與總公司訂購；至於獨立店型，原物料的供應變得相當重要，目前市場上有許多專門的手搖飲供應商，已進化到整店輸出的服務，原物料、設備以外，另還提供展店、菜單設計……等服務。

清楚了解物料來源

不管連鎖品牌加盟還是獨立店型，都要建立一套自己的原物料機制，主動了解物料產地、製成方式，是否送檢驗等，以掌控物料品質。2015 年「英國藍」的茶安風暴，茶葉一再出包，品牌形象大傷、加盟主也重傷。有鑑於此，無論是投入加盟品牌或是獨立經營，都要主動了解原物料的來源、檢驗是否符合法規要求等。

廠商的應變能力

尋求具信用與評價好的廠商時，在供貨品質、價格制訂、供應能力……等面向也要一併考量。品質穩定良好是必須的，價格合理而不任意調漲，再者供貨要無虞，能否隨時依店的銷售狀況調度原物料。

發展到一定規模才能進入客製化

獨立品牌尋求原物料供商時，多半在初期得隨著原物料供應商、盤商們隨季節、採購商的不同而一直去變化，除非等到品牌店家數發展到一定規模，才能進入客製化或定期化的時候。

找出最適庫存量

原物料的管理上，宜擬訂出一套制度外，亦可透過 POS 機後台分析，檢視各商品銷量與佔比變化，進而得知原物料的使用情況，從中找到最適庫存量，勿進貨過少以免發生缺貨，勿進貨過多，積壓資金同時也浪費倉儲空間。

Plan / 06

店鋪選址

進入市場前，會進行地點選擇，以及該區利弊條件上的評估，因為這關乎能否成功發展的關鍵之一。

留意人流特性與密度

地點與客群具高度結合，既使店租再便宜、人再多，但不是品牌主要的消費客群，仍不具意義。選址時，建議要將「人流特性」與「人流密度」納入考量，前者必須符合鎖定的目標客群，倘若不是那生意怎樣也做不起來；後者則是指人口分布程度，密度高代表人口分布稠密，人口密度高才有助於銷售。（詳見 P44）

交通便利且集客力要強

店所屬的交通便利性也很重要，所屬地的抵達動線是順向還是逆向？好不好停車？只要符合便利性就有機會帶動購買力道。再者也要評估商圈其他的地利條件，像是該區的集客力是否強？集客力一旦強才能有效擴大客源，因為通常買手搖飲料不會是刻意前往購買，多半是「順便買」，即中午吃完午餐回公司順道就帶一杯飲料，若所屬商圈互補性強，那也能有效拉抬來客力。（詳見 P44）

設計規劃

決定好店面後，緊接著就是面對店鋪規劃，有別於其他餐飲空間形式，手飲店鋪的規劃上除了製造令人印象深刻的視覺外，另也必須緊扣操作動線，讓人員在使用上更為順暢。

設計緊扣操作動線

手搖飲空間的前中場為主要的「作業演出」地帶，其設計會扣合飲品製作流程來做共同思考，讓所有的人事物都能發揮到極致化，才能突顯空間效益的最大化。

減少移動步數

工作台設計上，要能夠讓工作人員是以流程接力方式在運作，做完後以手傳遞交由下一方，而非一人從頭做到尾，因為這樣容易出現動線衝突，再者人員也不用一直移動行走加深疲勞。

設計要具備複製性

設計要能模組化

設計首間店時，宜制定出所謂的空間識別標準（Store Identity，SI），以利後續展店的空間規劃依此規範執行，也降縮設計風格調性走樣之機率。（詳見 P54）

費用不要一昧堆疊

裝潢時要了解裝潢費用不要一昧的堆疊上去，一者該空間是承租的，相關裝潢日後未必帶的走；二來則是不利日後費用的攤提。

Plan 08

裝潢發包

店面設計完後，接著便是後續裝潢工程的發包，無論是交由專業設計師、專業工程團隊，或是自行尋求工程公司發包，相關法規都一定要加以留意。

決定裝潢方式

　　裝潢部分，就品牌加盟而言多半會由總公司做好相關的裝潢規劃。至於開設獨立店，相關設計發包常見 3 種情況：一是委託專業設計師或工程團隊統包規劃，二是設計完後自己發包工程，三則是自己設計與發包工程。

評估不同的風險

　　委託專業設計者的好處在於，當遇相關問題可隨時請求協助、解決，風險性較小，但相對的費用就會比較高；設計完後由再由自己進行發包，一者可尋求設計師配合的統包團隊，二者可自行找熟悉的工程公司進行發包，這一點在設計之初建議要先溝通好：全程由自己操刀費用相對較低。不過，隨政府的相關法規愈來愈多，且裝潢工程的問題較為複雜，建議還是交由專業的設計公司來規劃處理較為妥當，若想由自己處理，則必須對法規、施工細節有一定程度的了解較佳。

預留設計、施工期

　　建議在找到地點的同時也能先請設計師做初步的規劃，好讓設計師在有準備的情況下了解大致的設計方向；另外，也要記得要求對方畫好完整的設計圖、列出明確估價單，以及準確的工程進度表，最後一定要記得要簽訂正式書面契約，以保障彼此的權益。

施工期勿過長

　　一般設計、施作均需要時間，設計規劃期約 1 ～ 2 個月的時間，裝潢施作約 1 個月，過長、過短都不理想，原因無他，當店鋪租下那一刻，租金已開始計算，所以在決定店面後，為了節省時間建議盡早進入規劃與裝潢階段。

教育訓練

人員不只提供銷售服務，更代表著品牌與店家的形象，必須提供一套完整的教育訓練課程，才不會讓服務品質出現落差。

提供完整的訓練課程

　　人員的教育訓練上，應擬訂出一套完整的員工訓練課程，舉凡正職、兼職人員，甚至到店長、幹部等，都必須逐一熟悉相關標準作業程序（SOP），才不會讓服務出現質與量的落差。

定期給予訓練

　　定期給予員工教育訓練，如初階、進階等不同的課程培訓，藉此累積員工技術能力，也有效維持工作人員的水平。

廣告行銷

為了促使消費者更頻繁的到訪率，經營手搖飲店同樣要重視所謂的廣告行銷，藉由不同方式的宣傳，帶進更多的客源。

虛實整合透過網路發聲

現今的行銷模式已不同以往，過去靠著廣告曝光，包括電視、看板、傳單、雜誌、報紙等版位的運用，便能看到效益與回饋，而今隨著網路時代的崛起以及消費者習慣的改變，過往行銷手法已不再是萬靈丹，須迎合時下需求才能有所突破。

製造排隊效果

透過吸睛的設計吸引消費者眼球，這樣吸引眼球的也許是產品、也許是某種設計，只要能讓消費者停留駐足、甚至造成排隊熱潮，就達到宣傳、擴散的意義。

善用網民力量

現今行銷已進入行銷 4.0 時代，年輕人、女性、網民是時下關鍵的受眾對象，因此要記得善用社群媒體，藉由設計或產品引發他們的好奇，進而幫助拍照、分享上傳，創造點擊流量並在網路中產生支持聲量。（詳見 P68、P69）

創造消費者對品牌的追逐

懂得創造當地／在地社群對品牌的追逐，即與所屬商圈有密集的互動，像是透過異業結合的行銷活動，例如與鄰近公司的福委會洽談，成為該公司的特約廠商，所屬員工可憑工作證取得購買折扣或優惠。（詳見 P66）

IDEAL BUSINESS 010

手搖飲開店經營學：

創業心法 × 空間設計 × 品牌運營，打造你的人氣名店，從單店走向連鎖到跨足海外市場！

編審修訂｜官志亮
作　者｜漂亮家居編輯部
責任編輯｜余佩樺
封面＆版型設計｜FE 設計葉馥儀
美術設計｜詹淑娟
採訪編輯｜余佩樺、李奕霆、高子涵
發 行 人｜何飛鵬
總 經 理｜李淑霞
社　　長｜林孟葦
總 編 輯｜張麗寶
副 總 編｜楊宜倩
叢書主編｜許嘉芬
行銷企劃｜李翊綾、張瑋秦

國家圖書館出版品預行編目 (CIP) 資料

手搖飲開店經營學：創業心法 × 空間設計 × 品牌運營，打造你的人氣名店，從單店走向連鎖到跨足海外市場！ / 漂亮家居編輯部作 . -- 初版 . -- 臺北市：麥浩斯出版：家庭傳媒城邦分公司發行, 2019.05
　面；　公分 . -- (Ideal business ; 10)
ISBN 978-986-408-495-1(平裝)

1. 飲料業 2. 飲料 3. 創業

481.75　　　　　　　108006890

出　　版｜城邦文化事業股份有限公司 麥浩斯出版
地　　址｜104 台北市中山區民生東路二段 141 號 8 樓
電　　話｜02-2500-7578
E-mail｜cs@myhomelife.com.tw
發　　行｜英屬蓋曼群島商家庭傳媒股份有限公司城邦分公司
地　　址｜104 台北市民生東路二段 141 號 2 樓
讀者服務專線｜0800-020-299（週一至週五 AM09：30 ～ 12:00；PM01：30 ～ PM05：00）
讀者服務傳真｜02-2517-0999
E-mail｜service@cite.com.tw
劃撥帳號｜1983-3516
劃撥戶名｜英屬蓋曼群島商家庭傳媒股份有限公司城邦分公司
香港發行｜城邦（香港）出版集團有限公司
地　　址｜香港灣仔駱克道 193 號東超商業中心 1 樓
電　　話｜852-2508-6231
傳　　真｜852-2578-9337
電子信箱｜hkcite@biznetvigator.com
馬新發行｜城邦（馬新）出版集團 Cite (M) Sdn Bhd
地　　址｜41, Jalan Radin Anum, Bandar Baru Sri Petaling, 57000 Kuala Lumpur, Malaysia.
電　　話｜603-9056-3833
傳　　真｜603-9057-6622
總 經 銷｜聯合發行股份有限公司
電　　話｜02-2917-8022
傳　　真｜02-2915-6275
製版印刷｜凱林彩印股份有限公司
版　　次｜2024 年 2 月初版 5 刷
定　　價｜新台幣 499 元整
Printed in Taiwan